AF469548

PROBLÉME D'ACOUSTIQUE,

CURIEUX ET INTÉRESSANT,

Dont la solution est proposée aux Savans, d'après les idées qu'en a laissées M. l'Abbé de Hautefeuille, Chapelain de l'Église Royale de S. Aignan d'Orléans.

A PARIS,

Chez VARIN, Libraire, à l'Image Sainte-Genevieve, rue du Petit-Pont, au bas de celle Saint-Jacques, N°. 22

M. DCC. LXXXVIII.

Avec Approb. & Priv. de la Soc. Royale de Médecine.

ÉPITRE

DÉDICATOIRE

A LA SOCIÉTÉ ROYALE

DE MÉDECINE DE PARIS.

Messieurs,

•

Dans votre assemblée du 13 mai 1785, vous daignâtes honorer de votre attention la lecture d'un mémoire dans lequel MM. les commissaires vous firent le rapport d'une dissertation où j'avois exposé mes idées & mes vues relativement à l'usage & à la perfection de trois moyens par lesquels je concevois que

a ij

l'on pourroit procurer une grande utilité & un grand soulagement aux personnes affligées de la surdité.

Je m'étois donc, MESSIEURS, chargé d'un travail qui embrassoit trois objets.

1°. Perfectionner les cornets acoustiques ; en trouver un dont la construction, plus conforme à la théorie de l'air sonore, fît plus d'effet sur l'oreille ; de façon qu'étant appliqué sur cette partie, il fît entendre la conversation de plus loin, & épargnât déformais l'assujettissement incommode d'avoir la bouche si proche de cet instrument, pour parler.

2°. Faire une machine par laquelle on pût entendre la conversation par les dents : autre instrument qui auroit son application & son utilité dans le cas où l'on suppose une personne si sourde du côté de l'oreille, qu'elle ne peut trouver d'autre ressource que du côté des dents.

3°. Enfin, faire un livre élémentaire où seroient contenues les regles & principes pour apprendre à entendre la conversation au mouvement des levres : autre genre de ressource qui auroit son application dans le cas où une personne seroit également sourde & du côté de

l'oreille & du côté des dents ; & qui pourroit même avoir une utilité de plus, pour les per-
sonnes qui n'ont que l'une ou l'autre sorte de surdité.

Ces projets & ces vues, vous les approuvâ-
tes, MESSIEURS ; vous daignâtes les honorer de vos suffrages, & m'encourager à suivre ce travail ; vous me fîtes encore l'honneur de me nommer cinq de vos membres pour com-missaires, afin de vous faire, en temps & lieu, le rapport de mes tentatives & de leur résultat.

Depuis ce temps, MESSIEURS, mon propre intérêt, celui des personnes qui partagent mon infirmité, le desir de leur être utile ainsi qu'à moi-même, & plus encore l'empressement de répondre à votre attente ; tous ces motifs m'ont fait poursuivre ma tâche sans relâche. J'ai continuellement médité sur les objets de mon travail ; j'ai consulté une multitude d'au-teurs, & fait des extraits des plus beaux en-droits de leurs ouvrages. Tous ces matériaux pourroient servir utilement à quelqu'un qui, avec l'inclination pour ce genre d'étude, au-roit en même temps une fortune suffisante. Mais, je suis forcé de l'avouer, je n'ai en-core pu jusqu'aujourd'hui avoir la satisfaction

*de vous préſenter des expériences & des faits,
faute de moyens ſuffiſans pour faire la dépenſe
d'une ſuite d'eſſais qui, peut-être, m'auroient
conduit à quelque découverte effective. C'eſt
mon regret, MESSIEURS; mais j'oſe dire que
je ſuis digne d'excuſe, & que j'ai, en quelque
ſorte, bien mérité de vous, puiſque j'ai fait
tout ce que je pouvois, & que ce n'eſt pas le
deſir de vous ſatisfaire, mais les moyens ſeuls
qui m'ont manqué.*

*Cependant, MESSIEURS, je puis au moins
vous préſenter une partie de mon travail, qui,
j'eſpere, donnera occaſion à quelqu'un plus
heureux du côté du génie & des reſſources de
la fortune, de découvrir un inſtrument acouſtique plus parfait que ceux juſqu'à préſent
connus. Alors je pourrai m'applaudir : je me
trouverai heureux d'avoir au moins donné lieu
à une découverte utile. Tel eſt l'objet du recueil que j'ai l'honneur de vous préſenter.*

*Juſqu'à preſent, MESSIEURS, la méchanique
a trouvé peu de reſſource dans la géométrie
pour la conſtruction de ces ſortes d'inſtrumens.
En voici un d'un genre tout-à-fait différent de
ceux qu'on a préſentés juſqu'à préſent, & qui
n'eſt fondé ni ſur la réflexion des rayons, ni*

ſur les formes géométriques. Le célebre abbé de Hautefeuille l'avoit inventé, & eſt malheureuſement mort ſans avoir accompli ſa promeſſe de le rendre public. Mais il a laiſſé ſes idées à ce ſujet : idées que j'oſe dire neuves & vraiment intéreſſantes. Je les ai recueillies avec ſoin de ſes divers ouvrages, & je les ai raſſemblées dans ce livre.

Tous les arts & toutes les ſciences, MESSIEURS, ſont tributaires de votre amour pour le bien public, & de votre ʒele pour le ſoulagement des infirmités humaines : ſous ce point de vue, une machine qui ſeroit très-avantageuſe aux perſonnes affligées de la ſurdité, appartient auſſi-bien à la médecine que les remedes proprement dits ; elle a autant de droit de vous intéreſſer. Perſonne ne mérite à plus de titres que vous, MESSIEURS, l'hommage des decouvertes utiles. Votre ʒele pour le ſoulagement de l'humanité, l'étendue de vos lumieres en toutes ſortes de ſciences, & l'application que vous en faites à tout ce qui peut intéreſſer les citoyens : tels ſont les auſpices ſous leſquels j'oſe vous dédier ce recueil qui pourra ſervir à découvrir une machine précieuſe, & par le principe ſur lequel elle eſt fondée, & plus

encore par l'utilité dont elle sera pour les personnes sourdes.

Agréez donc, s'il vousplaît, MESSIEURS,
& la dédicace de ce livre, & l'hommage du
très-sincere respect avec lequel j'ai l'honneur
d'être,

MESSIEURS,

Votre très-humble & très-
obeissant serviteur. ***.

EXTRAIT

Des regiſtres de la Société Royale de Médecine de Paris.

L A Société Royale de Médecine nous a chargés MM. Coquereau, Chamſeru, Thouret, & moi de lui rendre compte d'un ouvrage intitulé : *Probléme d'Acouſtique dont la ſolution eſt propoſée aux ſavans, d'après les idées qu'en a laiſſées M. l'abbé de Haute-feuille, par M. ***.*

M. *** a déja préſenté à la Société le projet d'un travail qu'il méditoit pour faciliter aux ſourds la communication des ſons. Les cornets acouſtiques ordinaires lui paroiſſoient inſuffiſans par l'expérience qu'il en a faite, étant lui-même privé de l'organe de l'ouie.

Parmi les auteurs qui ont travaillé ſur cet objet, deux principalement ont fixé ſon attention : l'un eſt le P. Sébaſtien Truchet, carme de la place Maubert, grand méchanicien, qui a laiſſé quelque choſe par écrit ſur un nouvel inſtrument de ſon invention, mais inſuffiſant pour faire concevoir clairement le méchaniſme de ſa compoſition. On ſait ſeulement, par tradition, qu'il avoit fait pour trente perſonnes environ, des oreilles artificielles aſſez approchantes de l'oreille humaine, avec leſquelles on entendoit mieux qu'avec les cornets, & ſans être obligé d'approcher l'inſtrument de la bouche de celui qui parle.

L'autre méchanicien qui avoit fuivi un plan différent, eft l'abbé de Hautefeuille qui paroît être parvenu à compofer un inftrument femblable pour les effets, quoique différent pour la forme de fa conftruction. M. Perrault, de l'Académie des Sciences, avoit grand defir de le connoître ; mais ce fecret eft refté inconnu. On voit feulement, par plufieurs ouvrages de l'abbé de Hautefeuille, quels font les principes qui l'ont conduit à cette découverte.

M. *** a recueilli ceux des ouvrages de M. l'abbé de Hautefeuille où ces principes fe trouvent épars. Il les préfente aux favans pour les engager à faire de nouvelles recherches fur cet objet, & prie la Société d'agréer la dédicace de ce recueil.

Les inftrumens acouftiques dont on s'eft fervi jufqu'à ce jour, ont tous été affujettis aux formes géométriques : on peut en dire autant de celui du P. Sébaftien Truchet.

Celui de M. de Hautefeuille étoit fait fur des principes abfolument différens. Il rejette même le parallele du fon avec la lumiere, & veut que ce foit une caufe du retardement qu'a éprouvé la perfection des inftrumens acouftiques. Une autre caufe, ajoute M. ***, c'eft le peu d'aptitude qu'ont ces mêmes inftrumens pour procurer d'une maniere convenable l'ébranlement à l'air qu'ils renferment. Car il feroit à defirer, 1°. que cet air fût mis fortement en vibration par les fons même les plus foibles qui agitent celui du dehors; 2°. qu'il ne pût trouver d'iffue que vers l'oreille. Dans les inftrumens ordinaires, l'air eft au contraire affez foiblement ébranlé ; &, de plus, tous ceux qui parlent dedans ou auprès, fe plaignent que le fon de leur voix vient fe répercuter dans leur bouche.

Qu'on examine l'oreille extérieure de la plupart des animaux, on la trouvera remplie de finuofités, de détours, de boffes, d'inégalités, qui fans doute fervent en partie à empêcher les fons qui s'y font une fois introduits d'en fortir ; mais cela n'eft pas fuffifant pour l'augmentation du fon ; il faut encore mettre en vibration une plus grande maffe d'air : nous ne doutons pas que l'organifation de l'oreille intérieure ne contribue à cet effet ; & c'eft à l'anatomie comparée de l'oreille interne des animaux qui ont l'ouie le plus fubtile, à nous éclairer fur cette matiere. C'eft elle qui a conduit M. l'abbé de Hautefeuille à la découverte de fon acouftique. Il nous apprend que fon inftrument n'étoit fondé que fur le modele de la conftruction de ces animaux, & nous a même laiffé le nom de ceux qui l'avoient le plus guidé dans fes recherches.

L'objet de M. ***, en priant la Société d'accepter la dédicace du recueil des ouvrages de M. de Hautefeuille, eft d'intéreffer un plus grand nombre de favans à la folution du problême. Nous nous étions d'abord propofés d'adreffer M. *** à l'Académie des Sciences, confidérant cet ouvrage du côté des connoiffances géométriques qu'il peut exiger. Mais fous un autre rapport, il tient à l'anatomie, à la phifiologie ; & la découverte qu'on defire, tend à foulager une des plus triftes infirmités, & à rendre à la fociété des citoyens eftimables, que cette infirmité peut lui fouftraire.

Nous penfons en conféquence que la Société doit accueillir le zele de M. *** & peut approuver fon recueil.

Signés, COQUEREAU, CHAMSERU, THOURET, SAILLANT.

La Société Royale de Médecine ayant entendu

dans ſa ſéance tenue au louvre le 7 du préſent mois, la lecture du rapport fait par MM. Thouret, Chamſeru, Coquereau & Saillant, ſur un ouvrage de M. ***, intitulé : *Probléme d'Acouſtique, dont la ſolution eſt propoſée aux Savans, d'après les idées qu'en a laiſſées l'abbé de Hautefeuille*, a penſé que cet ouvrage, dont l'auteur lui a offert la dédicace, étoit digne de ſon approbation, & d'être imprimé ſous ſon privilége. En foi de quoi j'ai ſigné, le préſent.

VICQ D'AZIR,
Secrétaire perpétuel de
la Société Royale de
Médecine.

Au Louvre, le 31 août 1787.

INTRODUCTION

Nécessaire pour l'intelligence de cet Ouvrage.

LE but que nous proposons dans cette introduction n'est pas d'amuser nos lecteurs par des dissertations inutiles sur la théorie des sons; ce seroit une chose entierement déplacée, puisque plusieurs auteurs ont traité cette matiere d'une maniere supérieure; mais de les encourager & de les appliquer à cette étude qui nous paroît aussi curieuse qu'intéressante. Il suffit de réfléchir pour s'en convaincre; & nous ne pouvons qu'être étonnés de l'indifférence avec laquelle l'acoustique est traitée, malgré les phénomenes admirables qu'elle présente, & les heureux succès qu'elle semble presque assurer. On seroit tenté de croire que l'étendue des recherches auxquelles elle donne lieu, est la cause de l'abandon où elle est livrée. Nous voyons avec douleur l'agréable l'emporter sur l'utile; & parce que l'étude de cette science présente d'abord des ronces & des épines, on se rebute, on lâche prise, comme si le travail opiniâtre ne venoit pas à bout de tout.

Que de motifs cependant nous engagent

à furmonter ces premieres difficultés ? motifs d'humanité : combien de citoyens féqueftrés de la compagnie de leurs femblables, parce qu'ils ont le malheur d'être fourds, & qu'ils font privés de reffource du côté de la médecine & de la phyfique ? motifs d'intérêt perfonnel : Qui de nous en effet peut être affuré de n'éprouver point un fort femblable au leur, & dans ces temps fur-tout où le poids des années émouffant la vivacité de nos fens & de nos facultés, l'homme forcé d'abandonner le travail, n'a plus de reffource & de confolation que dans la fociété de quelques amis véritables ? Entre plufieurs exemples que nous pourrions en citer, le célebre M. de la Condamine, & le favant M. de Caffini, ont été une preuve malheureufe de ce que nous avançons. Le même accident eft arrivé & arrive encore tous les jours à plufieurs perfonnes non moins recommandables par leur fcience que par leur mérite. Si l'on confidere donc les inconvéniens de la furdité, tant pour ceux qui en font affligés, que pour la fociété à laquelle ils deviennent déformais inutiles, que de puiffans motifs pour chercher les moyens de fuppléer au défaut de la nature par les reffources de l'art ?

Nous defirons que ces écrits de M. l'abbé de Hautefeuille, dont nous donnons le recueil au public, animent les favans, leur infpirent une noble émulation, & les empêchent d'abandonner à un fiecle plus reculé l'honneur d'une invention qui devroit n'être due qu'à eux. L'Académie Royale des Sciences, ce corps auffi dévoué au bien public, que zélé à récompenfer le travail de ceux qui s'efforcent de l'approcher de loin, peut beaucoup encourager dans ces utiles recherches. Il exifte auffi de ces Mécenes intelligens toujours prêts à exciter l'émulation, & encore plus difpofés à payer aux talens le tribut qui leur eft dû.

La découverte d'un inftrument au moyen duquel une perfonne fourde pût entendre à la diftance au moins de fept ou huit pieds, les perfonnes qui parlent, n'eft pas, nous le penfons, de ces agréables chimeres enfantées dans le fommeil, & dont le lever du jour diffipe le preftige. Au contraire, plus on y réfléchit & plus on s'affermit dans cette idée. C'eft auffi ce qui a fait dire à M. l'abbé de Hautefeuille, dans fon *Traité de l'Art de refpirer fous l'eau*, qu'il étoit étonné comment
» on pouvoit fi fort négliger les fons & le fens
» de l'ouie, vu la perfection que l'on a donnée
» à celui de la vue, & les belles découvertes
» que l'on a faites fur la lumiere. Je crus
» d'abord, dit-il, qu'il étoit impoffible de
» perfectionner ce fens; mais ayant médité
» quelque temps fur ce fujet, je n'apperçus
» aucune raifon qui empêchât que l'on ne pût
» perfectionner l'ouie auffi-bien que la vue,

» puifqu'il ne s'agit que de rendre fenfible ce
» qui ne l'eft pas, ou ce qui ne l'eft que très-
» peu ; & que les fons très-foibles ou infen-
» fibles à notre organe, ne laiffent pas que
» d'être fons & de fe faire entendre à des ani-
» maux qui ont l'ouie plus fubtile, &c. »

Peut-on regarder cette invention comme inacceffible, quand on fait que le doƈteur Hook, célebre mathématicien anglois, mort en 1703, prétendoit qu'il n'étoit pas impof-fible d'entendre, à la diftance d'une ftade, le plus petit bruit qu'une perfonne puiffe faire en parlant ; & qu'il connoiffoit un moyen de faire entendre quelqu'un à travers une mu-raille épaiffe de trois pieds ? *Dictionnaire de mathématiques de la nouvelle encyclopédie*, au mot *acouftique.*

Il eft encore une infinité d'exemples de cette efpece, que nous pafferons fous filence pour ne point fortir des bornes étroites que nous nous fommes prefcrites.

Ayons donc des idées plus grandes & plus élevées fur l'importante matiere des fons ; & que le premier faux pas ne nous faffe pas rebrouffer chemin. La nature femble nous guider & nous inviter. Pouvons-nous en effet méconnoître la poffibilité de groffir les fons, puifqu'elle expofe à nos yeux des preuves fans réplique de cette vérité ? Qui n'a pas entendu parler de la fameufe caverne de la Finlande ? il exifte à ce fujet des anecdotes

très-

très-curieuses , & atteftées par des auteurs dignes de foi. Nous en préfenterons l'hiftoire dans la fuite de ce recueil.

Qui ne fait que dans certains endroits des Alpes , les rochers groffiffent & augmentent tellement l'intenfité de fon produit par la voix de ceux qui parlent, même fort bas , qu'ils font fouvent obligés de prendre la fuite, faifis de crainte & d'effroi ?

Tous ces phénomenes & autres femblables que la nature nous préfente, font néceffairement produits par des formes & des conf-tructions particulieres qui, ayant de la convenance avec le *modus agendi* de l'air fonore , le rendent capable de produire ces grands effets que nous admirons. Or ces formes & ces conftructions méchaniques que la nature elle-même a pratiquées, ne font pas toujours inacceffibles à l'art humain. Il ne feroit donc peut-être pas impoffible , en prenant la nature pour guide , en étudiant fa marche & les moyens vifibles dont elle fe fert, il ne feroit pas, difons-nous, impoffible que l'art pût conftruire, à fon imitation, des inftru-mens propres à produire d'auffi grands effets.

Les inftrumens acouftiques , dont on s'eft fervi jufqu'à ce jour, ont tous été affujettis aux formes géométriques. Quelques per-fonnes cependant fe font écartées de cette route, du nombre defquelles eft le célebre abbé de Hautefeuille. Il annonce dans fes ouvrages, qu'après plusieurs tentatives, il s'est trouvé obligé d'y renoncer & de mieux sonder la nature. L'instrument qu'il a inventé, mais qu'il n'a point publié, pour les raisons que l'on verra dans la suite, étoit absolument différent de ceux qui sont fondés sur les principes géométriques, comme il le dit lui-même, & la réflexion des rayons sonores n'y étoit pour rien. Cependant il lui réussissoit très-bien; & M. Perrault, de l'Académie Royale des Sciences, comme on le verra dans ce recueil, avoit grand desir de le connoître. M. l'abbé de Hautefeuille rejette également le parallele du son avec la lumiere, & veut que ce soit une cause du retardement qu'a éprouvé & qu'éprouve encore la perfection des instrumens acoustiques : nous nous abstiendrons de le juger ; il nous suffira de dire que nous avons cru appercevoir des preuves du sentiment qu'il embrasse ; il suffira aussi aux savans de bien examiner les choses, ils ne tarderont pas à découvrir des principes satisfaisans & lumineux sur cette matiere que l'oubli, où elle est presque ensevelie, a rendue comme ténébreuse. On leur présente deux systêmes, celui des formes géométriques & celui où elles n'ont point lieu ; ils peuvent faire usage de l'un & de l'autre (a).

(a) Dans le systême géométrique il s'agit de construire les instrumens acoustiques suivant des formes paraboliques, hyperboliques, elliptiques, ou telles autres qu'on s'imagineroit

Nous regardons encore comme une cause d'imperfection très - grande le peu d'apti-

---

être propres à rassembler & réfléchir les rayons sonores, comme on rassemble & on réfléchit en effet les rayons de lumiere par le moyen des verres géométriquement taillés. Tel étoit le système du P. Sébastien Truchet : ses oreilles artificielles, d'après un mémoire & des figures manuscrites qui existent de lui, n'étoient autre chose qu'une boîte de figure ellipsoïde, au foyer de laquelle il y avoit un tympan artificiel fait avec de la peau de baudruche dont se servent les batteurs d'or ; lequel tympan artificiel se posoit immédiatement sur l'oreille extérieure que cette machine couvroit exactement. Par ce moyen le P. Truchet prétendoit que les rayons sonores entrant dans l'ellipsoïde, & s'y réunissant en un foyer qui tomboit précisément sur la petite peau de baudruche, ébranleroit l'air renfermé dans la cavité de l'oreille entre ce tympan artificiel & le tympan naturel, ce qui produiroit sur celui-ci une plus forte sensation du bruit. On peut voir quelque détail de cette invention, dans *la République des Lettres*, édit. d'Amsterdam, 1718, tome 8, page 13 ; ou dans *la Gazette de Médecine* du 4 août 1762, n° X. Mais ce système du P. Truchet paroît lui avoir peu réussi, puisque ses oreilles artificielles construites suivant les regles de la géométrie, ne sont pas aujourd'hui plus connues ni plus en usage. Il paroît aussi que ce même système sera constamment sans succès. Plusieurs savans qui y ont eu recours pour la perfection des instrumens acoustiques, ont vu leur théorie échouer dans la pratique. Nous avons su que M. Brisson, professeur royal de physique au college de Navarre, avoit fait exécuter, avec la plus grande précision géométrique, une parabole d'argent, dans la pensée de réunir les rayons sonores en un point, comme ceux de la lumiere ; mais l'expérience a malheureusement trompé son attente. Ces considérations nous ont fait abandonner le système géométrique : en effet nous avons reconnu que le parallele du son avec la lumiere, quoique spécieux dans la théorie, se démentoit dans la pratique ; les mêmes formes géométriques qui sont capables de rassembler, réfléchir & augmenter les rayons de lumiere, ne faisant point le même effet quant aux rayons sonores, ou ne le faisant que d'une maniere si imparfaite & si foible qu'il semble qu'on n'en sauroit jamais tirer aucun parti pour la perfection des instrumens acoustiques.

L'autre système est celui qui n'emprunte rien de la géométrie pour la construction de ces instrumens, mais qui ne consiste que

tude qu'ont ces mêmes inſtrumens pour procurer, d'unemaniere convenable, l'ébranlement à l'air qu'ils renferment; car il ſeroit à
deſirer, 1º. que cet air fût mis fortement en
vibration par les ſons, même les plus foibles,
qui agitent inviſiblement celui de dehors;
2º. qu'il ne pût trouver d'iſſue que vers
l'oreille; tels ſont, à cet égard, les principes
de l'abbé de Hautefeuille, leſquels nous
adoptons nous-mêmes. Nous voyons arriver
tout le contraire dans les cornets dont les
perſonnes ſourdes font uſage : outre que
l'air qu'ils contiennent, eſt aſſez foiblement
ébranlé, tous ceux qui parlent dedans ou
auprès, ſe plaignent que le ſon de leur voix
vient ſe répercuter dans leur bouche.

Qu'on examine l'oreille extérieure de la
plupart des animaux, on la trouvera remplie
de ſinuoſités, de contours, de boſſes, d'inégalités, qui, ſans doute, ſervent en partie
à empêcher les ſons qui s'y font une fois introduits d'en ſortir. Mais cela n'eſt pas ſuffi-

---

dans un certain aſſemblage & une certaine combinaiſon de cavités, leſquelles n'affectent aucune forme réguliere ni géométrique. Tel eſt le ſyſtême de l'abbé de Hautefeuille que nous
préſentons aux ſavans, dans les propres ouvrages de cet auteur.
Syſtême que nous eſpérons qu'ils embraſſeront d'autant plus
volontiers qu'il ſt, ce ſemble, celui de la nature elle-même qui,
en effet, dans la fabrique de l'organe de l'ouie, n'a employé
aucune figure rigoureuſement géométrique, mais bien une
combinaiſon de différentes cavités qui n'ont aucune forme réguliere ni certaine, aucune figure faite au compas ni con-
tournée ſuivant les regles de la géométrie.

fant pour l'augmentation du fon, il faut encore mettre en vibration une plus grande maffe d'air : nous ne doutons pas que l'organifation de l'oreille intérieure ne contribue à cet effet ; & c'eft à l'anatomie comparée de l'oreille interne des animaux qui ont l'ouie le plus fubtile, à nous éclairer fur cette matiere. C'eft elle qui a conduit M. l'abbé de Hautefeuille à la découverte de fon acouftique. Il nous apprend que fon inftrument n'étoit fondé que fur le modele de la conftruction de l'oreille de ces animaux, & nous a même laiffé le nom de ceux qui l'avoient le plus guidé dans fes recherches.

Puiffe donc ce recueil que nous préfentons au public engager les favans à méditer fur cette matiere ! nous ofons dire que les idées que l'abbé de Hautefeuille nous a laiffées fur le fujet de fon acouftique, forment un problême très-intéreffant à réfoudre. Et quoiqu'avec tous les éclairciffemens que fes écrits préfentent, la conftruction de cet inftrument puiffe paroître encore fort obfcure, nous efpérons néanmoins qu'il fe trouvera des perfonnes habiles qui, par la pénétration de leur génie, fauront faire fortir la lumiere des ténebres, & que le motif du bien public engagera à lui faire part de leur découverte. Puiffe cette efpérance fe réalifer ! alors nous nous eftimerons heureux d'avoir donné l'occafion & mis fur la voie de faire une découverte auffi utile à l'humanité.   *b iij*

NOTICE

De la vie, du problême & des principaux ouvrages de l'abbé de Hautefeuille.

JEAN DE HAUTEFEUILLE naquit à Orléans, en 1647, de pere & mere boulangers. Son goût pour les belles-lettres fut secondé par des personnes amies de l'humanité, qui lui procurerent les ressources nécessaires pour s'instruire dans les sciences. Après avoir fait de bonnes études, il se consacra à l'état eccléfiastique, & fut fait chapelain de l'église royale de S. Aignan d'Orléans. Peu curieux d'étendre fa fortune, les fonctions de son état, les lettres & les sciences partagerent toute son application. Bientôt il eut un goût décidé pour la physique : la méchanique & particulierement l'horlogerie, furent d'abord les branches auxquelles il s'attacha ; il y fit des progrès rapides, & enrichit le public de diverses productions neuves & intéressantes, qui mériteroient d'être plus connues qu'elles ne le font aujourd'hui. Bientôt son génie inventif accompagné du defir d'être utile à ses semblables, le fit passer à l'étude de l'acous-tique qu'il épuisa en quelque sorte, & où il

fit de très-belles découvertes, comme on
pourra s'en convaincre en prenant lecture de
ceux de ses ouvrages que nous donnons dans
ce recueil.

Jean de Hautefeuille, après avoir mûrement
réfléchi sur la nature des sons, inventa
un instrument avec lequel on entendoit certains
sons, quoique très-éloignés ou très-foibles,
considérablement augmentés. Il étoit
par conséquent très-utile pour le soulagement
des personnes sourdes, & pour faire entendre
des sons imperceptibles à ceux même qui ont
l'ouie fort bonne. Sa construction étoit fondée
sur un autre principe que celui des cornets
ordinaires ; on verra dans la suite en quoi
consistoit ce principe, & la lecture suivie des
différentes pieces de ce recueil pourra donner
de grands éclaircissemens sur cette matiere
& y répandre beaucoup de lumiere.

Jean de Hautefeuille nous atteste l'invention
de cet instrument, & les particularités
consignées dans ses ouvrages levent tout
doute sur sa réalité. Il se proposoit, après qu'il
l'auroit perfectionnée, d'en faire part au public
; il en fit même la promesse plusieurs
fois. Mais dans l'espace de cinquante-un ans
qu'il survécut à cette invention, l'ayant annoncée
en 1673 & étant mort en 1724 (à
Orléans), jamais il ne put se résoudre à la
publier. On verra par la suite la raison fâcheuse
qui arrêta l'effet de sa bonne volonté.

On ne fauroit exprimer quel préjudice notable le public fouffre encore aujourd'hui de la perte de cette découverte, vu le grand nombre de perfonnes fourdes auxquelles elle eût été très-utile. Puiffe cette confidération faire fentir de quelle importance il eft que le gouvernement s'empreffe d'accueillir les découvertes qui lui font offertes par les favans, en récompenfant les inventeurs, & en leur affurant l'honneur de leurs propres productions.

Cette invention de M. de Hautefeuille s'éclipfa donc avec lui & rentra dans le néant. Nous ferions inconfolables d'un fi malheureux événement qui nous prive d'une découverte auffi utile, fi, connoiffant la fagacité des favans de ce fiecle, nous n'étions en quelque forte perfuadés de retrouver, je ne dis pas fon inftrument, mais d'autres bien fupérieurs au fien. On demande donc aujourd'hui au monde favant, de réparer la perte de cette découverte par celle d'un inftrument femblable à celui de M. de Hautefeuille, qui préfente les mêmes effets, les mêmes particularités, fondé fur le même principe : tel eft l'objet de ce préfent recueil des écrits de M. de Hautefeuille, qui ont rapport à fon acouftique, lefquels nous donnons au public.

Nous préfenterons d'abord une lifte des différens ouvrages de l'abbé de Hautefeuille qui ont pu parvenir à notre connoiſſance.

De tous ces ouvrages, nous n'en avons trouvé que cinq dont nous ayons pu faire uſage ; ils ſont marqués d'un aſtérique dans la liſte, tous les autres dont nous avons pris lecture ne nous ont rien préſenté qui ait rapport à l'inſtrument acouſtique de l'abbé de Hautefeuille.

Nous n'avons pas ſeulement raſſemblé avec beaucoup de ſoin, ſoit en entier, ſoit par extrait, tous les écrits où M. l'abbé de Hautefeuille parle expreſſément de ſon acouſtique ; mais des cinq ouvrages dont nous parlons, il y en a trois qui, pour n'avoir pas un rapport ſi marqué ni ſi direct avec cet inſtrument, nous ont cependant paru très-propres à retrouver, s'il eſt poſſible, le fil des idées qui ont dû le conduire à cette découverte. C'eſt pourquoi nous avons cru très-utile & même néceſſaire de les faire entrer dans notre recueil.

Le premier eſt l'*explication de l'effet des trompettes parlantes*, &c. (n°. 1. de la liſte). Aucun autre auteur que nous ſachions n'a donné une explication plus vraie, plus naturelle, plus ſatisfaiſante de l'effet de ces trompettes. M. l'abbé de Hautefeuille y fait voir l'inſuffiſance de toutes les hypotheſes dont les ſavans s'étoient juſqu'alors ſervi pour en rendre raiſon. Pour lui, il fonde uniquement cette explication ſur *le fameux principe de*

l'équilibre des liqueurs de M. Pafcal. Cet ouvrage de M. l'abbé de Hautefeuille vraiment
curieux & intéreſſant, mériteroit d'être plus
connu ; & comme il eſt rare, nous avons
cru que le public nous ſaura gré de le lui
donner en entier dans notre recueil.

Le ſecond ouvrage dont il s'agit, eſt le
Traité de l'art de reſpirer ſous l'eau, &c.
(n°. 5 de la liſte). Il eſt également curieux,
intéreſſant, & digne d'être connu. Notre ſavant abbé y fait connoître un moyen de demeurer ſous l'eau, tout autre que la *cloche* &
la *cornemuſe.* Ilnousapprendluimême(*a*)«que
» c'eſt une des plus belles & des plus curieuſes
» expériences qu'il ait faites, & qui aura ſans
» doute quelques utilités ». Deux raiſons de
plusnousobligeoientdedonneràcetouvrage,
en apparence ſi étranger à notre ſujet, une
placedansnotrerecueil. 1°. C'eſtunfaitprouvé
que les bruits qui ſe font ſous l'eau, ſont ſi
formidables & ſi terribles, qu'au rapport de
l'abbé Nollet, un plongeur qui étoit deſcendu
au fond de la mer par le moyen de la cloche,
eut à peine commencé de ſonner du cor qu'il
penſa s'évanouir. 2°. Ce traité *de l'art de reſpirer ſous l'eau*, eſt immédiatement ſuivi d'un
petit diſcours où M. l'abbé de Hautefeuille
fait un certain détail de ſon acouſtique ; ce

______

(*a*) A la fin de ſon écrit intitulé : *Pendule perpétuelle*, &c.
(n°. 3 de la liſte.)

qui avoit fait foupçonner à M. Perrault (*a*)
que ces deux inventions avoient de la liaifon
& du rapport l'une avec l'autre, la premiere
ayant, peut-être, conduit comme par hafard
à la découverte de l'autre. Ainfi, parce que
nous croyons que le traité *de l'art de refpirer
fous l'eau* & la figure de la machine inventée
pour cet effet, pourroit contribuer à deviner
quelle étoit la conftruction de l'acouftique
de M. l'abbé de Hautefeuille , nous avons
cru à propos de ne point le féparer d'avec
le difcours relatif à cet inftrument, & nous les
avons donnés l'un & l'autre dans leur entier.

Enfin le troifieme ouvrage du même auteur , qui entre pareillement dans notre recueil, quoiqu'il n'y foit point queftion de fon
acouftique , c'eft fa *differtation fur la caufe
de l'écho* , &c. (n°. 14 de la lifte). Mais nous
n'avons donné que l'extrait des principales
chofes qui nous ont femblé dignes de remarque , parce qu'elles feules nous ont paru
autant d'axiômes ou de notions fur la théorie
des fons, & que le refte ne peut être regardé
que comme des digreffions inutiles à notre
objet.

Nous avons ajouté dans quelques endroits,
par forme de notes, des réflexions que nous
devons à nos propres méditations , & que

(*a*) Voy. la premiere lettre de M. Perrault à M. de Hautefeuille , page 69 de ce recueil.

nous efpérons pouvoit être utile. Nous avons aufſi rapporté quelques obſervations hiſtoriques qui ſervent à éclaircir ou confirmer les aſſertions de notre auteur.

Enfin nous terminons le tout par un précis de toutes les particularités de l'inſtrument acouſtique de l'abbé de Hautefeuille, réſumées des divers endroits de ſes ouvrages où il en parle, avec des ſignes de renvoi aux pages de notre recueil où elles ſont conſignées. Ce tableau nous a paru utile pour préſenter d'une ſeule vue toutes les principales conſidérations qu'on doit avoir préſentes à l'eſprit, & qui peuvent ſervir à faciliter la ſolution du problême en queſtion (*a*).

Réponſe à une objection.

(*a*) Quelques perſonnes auroient deſiré qu'au lieu de faire réimprimer ces anciennes brochures de l'abbé de Hautefeuille, nous euſſions fait un ouvrage neuf dans lequel nous aurions expoſé nos idées en y joignant celles de cet auteur extraites de ſes ouvrages : nous reſpectons leur ſentiment ; mais voici notre réponſe :

1°. Ayant à préſenter aux ſavans un ſyſtême qui rejette abſolument les formes géométriques pour la conſtruction des inſtrumens acouſtiques, nous avons trouvé que l'abbé de Hautefeuille s'étoit expliqué ſur ce ſujet autant & même mieux que nous ne l'aurions pu faire nous-mêmes. Le traité que nous aurions voulu faire ſur cette matiere, nous l'avons trouvé tout fait dans les écrits de ce ſavant phyſicien.

2°. Il s'agiſſoit de deviner comment étoit conſtruit cet inſtrument acouſtique que l'abbé de Hautefeuille avoit inventé, & qu'il dit avoir été ſi efficace que les ſons les plus foibles y étoient conſidérablement augmentés, & qu'on pouvoit les entendre de plus loin : en outre, cet inſtrument étoit fondé ſur *le fameux principe de l'équilibre des liqueurs de M. Paſcal* ; tout cela nous a paru une énigme & à quelques perſonnes habiles auxquelles nous en avons fait part. Or, nous avons penſé que c'étoit dans ſes propres ouvrages que cet auteur pourroit ſe dévoiler à un eſprit plus pénétrant que le nôtre. Au lieu donc de faire un ouvrage neuf compoſé des extraits imparfaits & découſus des diverſes brochures de l'abbé de Hautefeuille, à quoi nous aurions joint nos réflexions plus imparfaites encore, nous avons cru ne pouvoir mieux faire que de laiſſer parler l'auteur lui-même. Nous avons donc donné en leur entier tous ceux de ſes ouvrages où il parle de l'inſtrument qu'il avoit inventé.

3°. Ces brochures ſont infiniment rares ; & comme elles ſont intéreſſantes nous avons cru ſervir utilement la phyſique & faire plaiſir aux ſavans, en les faiſant réimprimer. Elles contiennent le fil des idées qui ont dû conduire l'abbé de Hautefeuille à la découverte de ſon acouſtique : elles auroient beaucoup perdu à être tronquées en les donnant par extraits. Si d'ailleurs les idées de cet auteur étoient comme noyées & éparſes de côté & d'autre dans ces diverſes brochures ; nous les avons réunies & fait toucher au doigt dans notre introduction, dans nos notes, & dans le précis qui eſt à la fin de ce recueil. Nous ſommes aſſurés qu'un lecteur curieux & qui prendra véritablement intérêt à la choſe, lira tout : & s'il ne ſe trouvoit pas de tels lecteurs, aurions-nous mieux gagné à faire un ouvrage de notre façon ?

Au reſte, nous ne négligerons rien pour contribuer, autant qu'il ſera en notre pouvoir, à la découverte d'un inſtrument auſſi précieux par ſon utilité. Nous prions les perſonnes éclairées qui voudront bien nous faire part de leurs obſervations & de leurs lumieres, de les adreſſer par écrit au ſieur VARIN, libraire à Paris, rue du Petit-Pont. Nous les recevrons avec reconnoiſſance ; & nous nous ferons un honneur & un devoir de les ſatisfaire ſur les objets de leurs demandes. Nous les prions de vouloir bien affranchir leurs lettres.

LISTE

Des Ouvrages imprimés de M. l'abbé
de Hautefeuille.

I*.

EXPLICATION de l'effet des trompettes parlantes, où l'on voit quelle est leur proportion, leur figure, leur matiere, leur sphere d'activité, les expériences qui en ont été faites, & quelques trompettes de nouvelle invention, *in-4°*. Paris, 1673 & 1674.

I I.

Factum touchant les pendules de poche, &c. pour Mᵉ Jean de Hautefeuille, chapelain en l'églife royale de S. Aignan d'Orléans, contre Mᶜ Chriftian Huïghens fieur de Zulichem, *in-4°*., 1675.

I I I.

Pendule perpétuelle, avec un nouveau balancier ; & la maniere d'élever l'eau par le moyen de la poudre à canon ; & autres nouvelles inventions, contenues dans une lettre de M. de Hautefeuille, écrite à un de fes amis, *in-4°*., 1678.

I V.

Lettre écrite à Monfeigneur le duc de C***, contenant quelques nouvelles inventions fur les lunettes & fur le niveau, (où l'on donne la defcription d'un niveau très-fenfible, de nouvelle invention, & d'une lunette avec laquelle on peut découvrir une grande quantité d'objets d'une feule vue,) *in-4°*. datée de Paris, le 3 mai 1679.

V*.

L'art de refpirer fous l'eau, & le moyen d'entretenir pendant un temps confidérable la flamme enfermée dans un petit lieu, *in-4°*., 1680 & 1692.

V I.

Réflexions fur quelques machines à élever les eaux, avec la

defcription d'une nouvelle pompe fans frottement, & le moyen de faire des jets d'eau, fans avoir befoin de réfervoirs élevés, *in-4°.*, 1682.

V I I.

Invention nouvelle pour fe fervir facilement des plus longues lunettes d'approche, fans l'embarras des tuyaux ; & quelques autres moyens de les perfectionner, *in-4°.* Paris 1683.

V I I I.

Moyen de diminuer la longueur des lunettes d'approche, fans diminuer leur effet, *in-4°.*, 1697.

I X.

Machine loxodromique qui trace fur un papier, en telle proportion que l'on veut, le chemin que fait un navire ; par le moyen de laquelle les pilotes auront facilement la connoiffance des longitudes, avec un nouveau principe de juftesse pour les horloges, &c. *in-4°.* Paris, 1701.

X*.

Balance magnétique, avec des réflexions fur une balance inventée par M. Perrault de l'Académie Royale des Sciences, où il eft auffi parlé d'un moyen de perfectionner le fens de l'ouie, & de trois autres inftrumens : L epremier Anapnoëmetre ou mefure-refpiration ; le fecond Apopnëometre ou mefure-évaporation ; le troifieme deux fortes de Brokemetre ou mefure-pluie, *in-4°.* Paris, 1702.

X I*.

Lettre à M. Bourdelot, premier médecin de madame la ducheffe de Bourgogne, fur le moyen de perfectionner l'ouie, *in-4°.* Paris, 1702.

X I I.

Microfcope micrométrique pour divifer les inftrumens de mathématiques dans une grande précifion. Gnomon horifontal, & inftrument aftronomique pour prendre la hauteur des aftres, jufqu'aux tierces. Et l'application des lunettes pinuleres aux inftrumens de la géométrie-pratique. Avec un moyen de faire des obfervations fur les tremblemens de terre, & de les pouvoir prédire, *in-4°.* Paris, 1703.

XIII.

Deux problêmes de gnomonique à réfoudre ; avec la folution du problême de dioptrique propofé dans la lettre de M. de Hautefeuille à M. Bourdelot, fur le moyen de perfectionner l'ouïe.

I. Faire un cadran folaire portatif, qui marque les minutes divifées une à une.

II. Faire que l'ombre d'un fil foit auffi claire & auffi diftincte à trois ou quatre pieds, qu'à deux ou trois pouces, *in-*4°., 1704.

XIV.

Differtation fur la caufe de l'écho, par M. de Hautefeuille ; couronnée en 1718 par l'Académie des Belles-Lettres, Sciences & Arts de Bordeaux, *in-*12.

AUTRES OUVRAGES

De M. de Hautefeuille, qui vraifemblablement n'ont point encore été imprimés.

I.

Dans fon ouvrage fous le titre de : *Pendule perpétuelle, &c* (voy. ci-deffus, article III.) M. de Hautefeuille en annonce un autre auquel il dit qu'il travailloit alors , & qu'il fe propofoit de faire imprimer fous ce titre : *Traité des pendules, avec plufieurs nouvelles découvertes concernant les arts & les fciences.* Et parlant de ce dernier ouvrage , il dit : « J'y parlerai d'un « acouftique avec lequel on entend certains fons quoique très-» éloignés ou très-foibles, extraordinairement augmentés ».

II.

Dans un autre de fes ouvrages fous le titre de : *Réflexions fur quelques machines à élever les eaux*, &c. (voy. ci-deffus, article VI.) M. de Hautefeuille nous apprend (page 2), que l'invention qu'il a imaginée, pour perfectionner le fens de l'ouïe, n'eft qu'une imitation de la ftructure de l'oreille de certains animaux , comme il le fera voir dans un écrit auquel il travailloit alors fous ce titre : *De la perfection de l'ouïe relativement au fens de la vue.*

EXPLICATION

EXPLICATION

N°. 1. de la liste.

DE L'EFFET

D E S

TROMPETTES PARLANTES,

Où l'on voit quelle est leur proportion, leur figure, leur matiere, leur sphere d'activité, les expériences qui en ont été faites, & quelques trompettes de nouvelle invention ;

Réimprimée sur la seconde Édition faite à Paris en 1674.

A

EXPLICATION

DE L'EFFET

D E S

TROMPETTES PARLANTES.

On fait affez que les découvertes & les inventions qui fervent à augmenter la puiffance de nos fens, font les plus utiles de toutes celles que nous puiffions defirer ; celui de la vue, qui eft le plus univerfel & le plus noble de tous, a été tellement perfectionné, qu'il eft bien difficile, pour ne pas dire impoffible, de le porter à un plus haut degré, que celui auquel il eft à prefent ; & il feroit à fouhaiter, pour le profit de tous les hommes, que les autres fens euffent la même perfection : mais, comme les inventions les plus utiles & les plus admirables ne fe trouvent ordinairement que par hafard, & ne fe perfectionnent qu'avec le temps, par l'application que les favans y apportent, il femble auffi que le même hafard ait fait découvrir la trompette parlante, que l'on nous a envoyée d'Angleterre, qui aura du moins cet avantage qu'elle invitera les favans à la perfectionner, à cultiver les fens de l'ouie, & à méditer fur les fons qui ont été jufqu'à préfent fort inconnus.

L'invention de cette trompette me parut d'abord fi belle & fi furprenante, que j'ofai prefque douter du fait. J'aurois bien fouhaité en faire faire de cuivre ou de fer-blanc , pour m'en rendre certain ; mais la difficulté de trouver des ouvriers qui puffent lui donner la figure que je penfois être néceffaire , m'en empêcha. Toutefois ma curiofité naturelle & la forte paffion que j'ai pour toutes les nouvelles découvertes , ne me permit pas de différer plus long-temps , & ne voulant fimplement que m'affurer du fait , je crus qu'elle devoit paroître dans une trompette de carton auffi bien que de toute autre matiere.

J'en fis donc une de fept à huit pieds de long, & de douze à treize pouces de grand diametre ; à peine fut-elle achevée, que, parlant dedans , j'entendis une groffe voix pleine & agréable ; mais étant tout feul , je ne pouvois expérimenter fon étendue & jufqu'à quelle diftance elle portoit. Les échos que je faifois retentir , me fervirent en cette occafion ; car, parlant dans cette trompette de mon ton de voix ordinaire , j'en faifois répondre plufieurs , où à peine un feul pouvoit-il fe faire entendre fans cet inftrument , quoique je criaffe à gorge déployée : J'eus beaucoup de plaifir d'ouïr ces échos qui me répondoient diverfement felon la force , la vîteffe des paroles , l'éloignement & le côté duquel je parlois ; & ils me donnerent occafion de faire plufieurs expériences très - curieufes, que je n'écris point , pour ne les avoir point faites avec affez d'exactitude.

Peu de temps après , la trompette de M. Denis parut ; M. l'abbé Gallois en fit faire une de fon invention , compofée de quatre trompettes jointes enfemble , qui n'ont qu'un pavillon & qu'un embouchoir commun; M. Dalancé en fit faire plufieurs , & entr'autres celle qu'on appelle d'Alexandre , qui fe divife à quelque diftance de l'embouchoir , & fe vient rejoindre vers le pavillon ; plufieurs particuliers en firent faire quantité d'autres de différentes longueurs & de différentes largeurs. On en fit même venir d'Angleterre, & enfin on fut pleinement convaincu de leur effet : il ne fut plus question que de l'expliquer, d'en chercher les raisons, & de l'augmenter s'il étoit possible ; car on ne le trouvoit pas si grand que les Anglois l'avoient écrit dans leur Journal.

Les savans s'y sont appliqués, & plusieurs en ont donné des raisons : mais on peut dire que chacune en particulier n'est pas suffisante. Le chevalier Morland, inventeur de cette trompette, dit que la voix qui sort de la bouche de celui qui parle, s'écartant à la ronde, frappe la surface intérieure de la trompette, & que toutes ses parties se réfléchissant dans un certain endroit y deviennent beaucoup plus fortes, & que derechef elles s'écartent & se réfléchissent plusieurs fois de suite par quantité de cercles qu'il imagine ; & comme ces cercles vont toujours croissans, ils rendent la voix beaucoup plus capable de s'étendre. Il appuie sa pensée par une expérience qu'il a faite en prenant une bande de bois assez large, à laquelle il a donné à-peu-près la figure de la trompette, & la mettant dans un vaisseau où il y avoit du mercure, & frappant fortement par le bout avec un bâton, il dit avoir vu quantité de cercles se former sur la surface de cette liqueur.

Cette explication ne paroîtra pas extrêmement juste à ceux qui l'examineront de près ; mais, pour faire appercevoir avec les yeux même que toutes ces réflexions & concentrations de la voix, qu'il prétend, ne se font point, il faut faire soi-même l'expérience qu'il a faite avec du vif-argent ou d'autres liquides ; il y a seulement à observer qu'au lieu de frapper avec un bâton par le bout, il faudra laisser

tomber quelques corps dans la liqueur, on verra
la percuſſion & la maniere dont elle ſe fait ; que,
s'il a vu quantité de cercles ſe former ſur la ſurface
du vif-argent, c'eſt que le coup qu'il a donné a fait
le même effet que s'il avoit jetté en même temps
dans la liqueur pluſieurs corps éloignés les uns des
autres. Quand bien même, par quelque moyen
que ce fût, la premiere percuſſion feroit réunir le
mouvement dans un centre, il ne s'en ſuivroit pas
qu'il dût être plus violent par la ſeconde, & la
comparaiſon qu'il apporte de la réflexion de la
lumiere dans les miroi s concaves ne convient nul-
lement. Ceux qui examineront tant ſoit peu les
encyclies ou cercles de l'eau, en feront entiérement convaincus. Il y a pluſieurs autres raiſons qui
prouvent la nullité de cette opinion, dont je ne
parlerai point, pour n'être point trop long.

M. Caſſegrain dit, dans les mémoires de M. Denis,
que ſi on fait les trompettes ſelon les ſections du mo-
nocorde ou canon harmonique, & principalement
ſuivant les octaves qui ſont des raiſons doubles les
unes des autres, elles doubleront la voix à chaque
octave, & qu'il croit que leur groſſeur groſſit la
voix, & leur longueur la fortifie ; mais il ne le prouve
point, & ainſi c'eſt plutôt une proportion de la
figure de la trompette, qu'une explication de ſon
effet, c'eſt pourquoi je n'en dirai rien davantage.

Quelques ſavans l'expliquent en cette maniere :
Concevez, diſent-ils, un homme qui parle dans le
milieu de l'air, on entendra ſa voix à la ronde
juſqu'à une certaine diſtance. Retranchez la partie
qui eſt ſous ſes pieds, il eſt certain qu'on l'entendra
bien plus loin, puiſque le mouvement qu'il com-
muniquoit à toute cette ſphere d'air, ne s'applique
plus aux parties inférieures ; & ſi on ôte celui qui
étoit ſur ſa tête & celui qui eſt derriere, il eſt viſible

qu'on l'entendra beaucoup plus loin du côté que l'air lui sera libre; enfin si on ôte la communication de l'air qui est à droite & à gauche, il est constant que la voix se portera à une distance beaucoup plus grande devant lui; & ceci n'est autre chose que la trompette avec laquelle on retranche tout l'air d'alentour, & on ne laisse que celui qui est devant, ce qui fait que lorsqu'un homme parle dedans, on l'entend de si loin; ajoutez que tous les lieux qui sont creux & concaves renforcent la voix, parce qu'ils conservent davantage le mouvement de l'air, & que la voix est toujours plus forte dans sa ligne vocale; & cela est si connu chez les prédicateurs qui ont peu de voix, qu'ils ne manquent pas de faire couvrir leurs chaires, afin que la voix soit plus resserrée, & qu'elle se puisse mieux réfléchir sur leurs auditeurs. C'est d'où vient aussi qu'on entend parler un homme d'une plus grande distance dans une longue galerie, dans les cavernes, voutes & arcades des ponts, que dans un lieu ouvert de tous côtés.

Quoique tout ce qui est dit dans cette explication soit vrai, il est facile de voir que ce n'est pas la véritable explication des trompettes & de leur effet, puisqu'il s'en suivroit que, plus leurs grands diametres seroient petits, & plus la voix s'étendroit, ce qui est manifestement contre l'expérience, joint qu'elle n'explique pas pourquoi la voix grossit, & pourquoi les sons des montres n'y sont point grossis.

Pour donner maintenant une connoissance entiere de l'effet de ces instrumens, & où il n'y eût rien à desirer, il faudroit rapporter ce qui constitue la véritable nature du son, & particuliérement de la voix; expliquer tous les mouvemens de la langue, des nerfs & des muscles, & de toutes les autres parties qui servent à sa formation; faire appercevoir

comment fe forment les voyelles , les confonnes &
les fyllabes , & mille autres chofes qui en dépendent ;
mais comme cela feroit trop long & prefque impoffible , je les fuppoferai pour connues.

Je veux feulement que l'on penfe que la voix fe
forme de la même maniere que le fon dans une
anche d'orgue ou de mufette , ce qui fe fait par les
petites fecouffes de l'air , lorfqu'il eft obligé de paffer
au travers & qu'il imprime ce même mouvement à
l'air qui eft enfermé dans un tuyau attaché au bout
de cette anche , en telle forte que la modification
du fon fe fait à l'extrémité de ce tuyau ; car il eft
certain que fi on l'alonge , fans changer autre chofe ,
le fon changera , & d'aigu qu'il étoit , il deviendra
grave , parce que l'air contenu dans ce tuyau
réfifte à celui qui entre par l'anche , & par conféquent il eft chaffé plus lentement.

Il en eft de même fi l'on change feulement fa
largeur , mais de déterminer les proportions de
l'aigu & du grave, il n'eft pas néceffaire ; il y a feulement à remarquer que la largeur n'augmente pas
la gravité du fon à proportion de la longueur, comme
on expérimente aux tuyaux d'orgues qui ne peuvent
être affez élargis pour l'octave , quoiqu'ils foient fix
ou fept fois plus larges , fi on ne les allonge en même
temps. Car l'expérience enfeigne que de plufieurs
tuyaux de même hauteur , celui qui eft deux fois
plus large ne defcend que d'un ton plus bas , & s'il
l'eft quatre fois plus , il defcend feulement d'une
tierce majeure. C'eft auffi une chofe très-affurée
qu'un tuyau cylindrique d'un pied de long , quatre
ou huit fois plus large , & qui contient davantage
d'air , a le fon beaucoup plus aigu que le cylindre
de deux pieds de long, fi l'on en croit les expériences
du P. Merfenne.

Mais , fans m'amufer aux tons graves & aigus qui

paroiſſent peu ou point dans la trompette, j'expliquerai ſeulement la groſſeur de la voix, & la force qu'elle a de s'étendre.

Proposition.

Si un tuyau eſt plus large par un bout que par l'autre, une anche y étant ajoutée, ou un homme parlant dedans, le ſon ou la voix ſe formera à l'autre bout, de la même maniere que ſi le tuyau étoit par-tout égal à l'extrémité par laquelle la voix ſort.

Je tâcherai en premier lieu de faire voir que ce que j'avance arrive dans les tuyaux d'orgues que l'on appelle cromornes, de trompettes & autres qui ſervent d'anches; & enſuite j'en ferai l'application aux trompettes parlantes.

Si l'on m'accorde que le ſon d'un tuyau à anche n'eſt, comme j'ai dit, qu'un certain mouvement de l'air contenu dans ce tuyau, & que la modification du ſon ſe faſſe à l'extrémité de ce tuyau, dont il ſemble qu'on ne puiſſe pas douter, Deſcartes, & les plus habiles étant de ce ſentiment, il ſera facile d'être convaincu de la propoſition que j'avance, puiſqu'il eſt certain que l'air qui eſt à la plus grande extrémité d'un tuyau fait en cône, eſt frappé, pouſſé & agité de la même force & de la même maniere que l'eſt celui d'un autre tuyau cylindrique, dont la baſe eſt égale à celle du cône.

Il ſera un peu difficile de prouver clairement cette propoſition, & il ne faut point s'étonner ſi pluſieurs n'en feront pas d'abord convaincus, puiſque quelques savans ont eu peine à se persuader d'un effet semblable, quoique beaucoup plus visible & plus convaincant, & dans une matiere plus grossiere que n'est pas l'air, dont nous n'appercevons qu'avec peine le mouvement, & que nous pouvons simplement conjecturer par ce que nous voyons arriver dans les autres liquides.

C'est cette célebre expérience de M. Pascal qui a étonné tout le monde, & qui a fait même douter les savans s'il l'avoit mise en exécution, & toutes celles dont il parle dans l'équilibre des liqueurs : je l'explique en peu de mots.

PROPOSITION.

Si un tuyau plus gros vers une extrémité que l'autre, est perpendiculaire à l'horison, la liqueur pesante qu'il contiendra, n'aura ni plus ni moins de force pour sortir par l'ouverture d'en-bas, que si la grosseur étoit par-tout égale à celle qu'il a par le bas.

CETTE proposition peut être considérée en deux manieres, & un chacun est persuadé que si un vaisseau conique a l'ouverture la plus grande en-haut, la liqueur ne pese à la plus petite ouverture que de la pesanteur de la colonne égale par-tout à l'ouverture d'en-bas ; c'est pourquoi je n'en dirai rien davantage, je m'étendrai un peu sur la seconde qu'on a plus de peine à imaginer, & qui n'est cependant pas moins véritable. qui est que, si un tuyau perpendiculaire à l'horison plus gros vers le bas que vers le haut, est rempli d'une liqueur pesante, la force avec laquelle elle tendra à fortir par l'ouverture d'en-bas, fera égale à celle qu'elle auroit, fi le tuyau étoit par-tout auffi gros qu'il eft par le bas.

Les conféquences que l'on tire de cette propofition font affez furprenantes, dont celle-ci eft tout-à-fait admirable ; fi un tonneau plein d'eau étoit debout fur un de fes fonds, en appliquant à un trou fait au fond de deffus, un tuyau qui ait plufieurs fois la hauteur du tonneau, & qui foit fi menu que peu de gouttes d'eau fuffifent pour le remplir, cette petite quantité d'eau fera caufe que le fond d'en bas fera d'autant de fois plus chargé qu'il l'étoit auparavant. Ainfi, fi ce tonneau eft un muid qui contienne cinq cents foixante livres d'eau, en appliquant à un trou fait à ce fond de deffus, un tuyau qui ait cent fois la hauteur du muid, & qui foit fi menu qu'une livre d'eau fuffife à le remplir, cette livre agiffant conjointement avec les cinq cents foixante autres, fera caufe que le fond de deffous fera déformais chargé de la pefanteur de cinquante-fix mille cinq cents foixante livres. Car l'affemblage du tuyau & du muid ne different en rien d'un tuyau dont la groffeur d'en-bas furpaffe de beaucoup la groffeur d'en-haut.

On a fait cette expérience depuis quelque temps à l'académie royale des fciences, & chez M. Dalancé, excepté néanmoins que le petit tuyau n'avoit que dix pieds de hautéur ; on apperçut vifiblement les fonds de deffus & de deffous fe jetter en dehors, quoiqu'on eût mis fur celui de deffus une quantité de poids très-confidérables. Il y eut quelques perfonnes qui douterent que le fond de ce vaiffeau fût autant chargé que l'auroit été celui d'un autre muid cylindrique de pareille hauteur que le tuyau avec lequel on faifoit l'expérience ; ils avouoient bien que le fond d'en-bas étoit plus chargé, mais qu'il le fût précifément d'une colonne égale partout au fond d'en-bas , c'eft ce dont ils ne demeuroient point d'accord.

Mais, fans groffir ce difcours de toutes les démonftrations qu'en ont donné MM. Pafcal & Rohault , je dirai feulement , que fi le fond de ce même tonneau eft fuppofé plein de trous dans toutes fes parties , tous égaux au diametre du petit tuyau , & bouchés par les doigts de plufieurs hommes , on ne doute point que celui qui eft directement fous le tuyau ne fentît la péfanteur de la colonne toute entiere. Mais on demeurera auffi d'accord , que chaque doigt pris en particulier , porte pareillement la péfanteur d'une colonne , à caufe de la liquidité de l'eau , & que fes parties n'ont aucune liaifon , ni aucune dépendance les unes des autres , toutes lefquelles colonnes jointes enfemble équivalent à une qui feroit par-tout égale au diametre du muid.

Il y aura peut-être des perfonnes qui auront encore peine à être perfuadées de cette belle expérience , & afin qu'ils en croient à leurs yeux , je leur apprendrai le moyen de la faire d'une maniere affez fuccinte & fans beaucoup d'embarras. Il faut prendre une feringue ordinaire , dont le pifton entre dedans avec un peu de violence , & on l'enfoncera jufqu'au fond , à un pouce ou deux près; puis l'ayant fermement appliquée à un mur , on ajoutera dans l'endroit où l'on met le canon, un tuyau de verre ou de fer-blanc , dont le diametre foit fort petit , & de telle hauteur que l'on voudra.

On attachera enfuite au pifton un vaiffeau , dans lequel on verfera de l'eau jufqu'à ce que, par la trop grande pefanteur , il foit contraint de baiffer , & auffi-tôt qu'on s'en appercevra , on ôtera ce vaiffeau , & on verfera l'eau dans le petit tuyau , dans lequel on n'en aura pas mis la dixieme partie, qu'on verra le piston defcendre avec impétuofité , & fi on met la main deffous on fentira la pefanteur.

Nonobftant les démonftrations de MM. Pafcal & Rohault , il a fallu recourir à l'expérience , pour convaincre quelques favans de la propofition que je viens d'avancer & plufieurs n'auroient pas manqué de la traiter de fauffe & d'imaginaire , fi on avoit été dans l'impuiffance de l'exécuter. Il s'en eft même trouvé qui ont prétendu avoir donné des démonftrations du contraire. J'appréhende , dans cette penfée , de ne pas affez bien perfuader , vu le peu de connoiffance que nous avons des fons , & qu'il eft impoffible de faire appercevoir le mouvement de l'air , affez mal-aifé de l'imaginer à ceux qui ne l'ont aucunement médité , & qu'il eft très-difficile d'exprimer fes penfées fur ce fujet. J'efpere néanmoins qu'après quelques réflexions , les favans , qui font ceux pour qui j'écris , trouveront mes fentimens vraifemblables & affez conformes à la raifon.

A P P L I C A T I O N

De l'Expérience précédente.

LE fon qui fe fait dans les tuyaux coniques à anches , n'étant que de l'air pouffé par le petit bout vers le plus grand , fi l'on conçoit une furface folide appliquée à la plus grande extrémité, il eft prouvé qu'elle fera pouffée avec une force égale à celle qu'auroit une autre pareille force qui foufleroit dans un autre tuyau cylindrique , dont la bafe feroit égale à celle du tuyau conique : mais , fans imaginer une fuperficie folide à l'extrémité , on peut concevoir que le mouvement imprimé à l'air qui eſt vers le petit bout, eſt communiqué à tout l'air qui eſt renfermé dans ce tuyau, en telle ſorte que ſi la grande ouverture eſt décuple de ſa petite, & que la partie d'air qui occupe le milieu du petit bout ſoit pouſſée, il y aura dix fois davantage d'air ébranlé dans le milieu de la grande ouverture, avant que les autres parties d'airs voiſines aient commencé à ſe mouvoir ; & y ayant une plus grande quantité d'air ébranlée avec la même vîteſſe, il s'enſuit que le ſon doit être plus grand, comme l'a très-bien remarqué M. Perrault dans les notes du nouveau Vitruve françois.

En effet, on expérimente dans toutes ſortes d'inſtrumens à anches, qu'ils éclatent davantage, à proportion que leurs pattes ſont plus ouvertes, & qu'ils font des ſons d'autant plus doux & plus foibles, qu'ils ſe retréciſſent davantage, comme il arrive dans le baſſon, le haut-bois, & les cornets qui ont leur canal en cône, ce qui rend le ſon plus violent que ceux des autres inſtrumens qui ſont percés d'une même groſſeur, depuis le commencement juſqu'à la fin. Ce n'eſt pas qu'il n'y ait quelque proportion à garder ; car on pourroit faire le tuyau ſi petit, & une des ouvertures ſi large, qu'il ne feroit pas l'effet prétendu : la raiſon en eſt viſible, en ce que l'air pouſſé par l'anche, n'ébranleroit pas toutes les parties de celui qui eſt contenu dans le tuyau, & principalement celui qui eſt à la grande extrémité qu'il eſt néceſſaire d'ébranler pour produire ce grand ſon. Il n'en eſt pas de même de l'eau qui peſe dans tous les endroits, quelque large que ſoit la baſe du tuyau, à cauſe qu'elle eſt renfermée, & que toutes ſes parties ſont pouſſées également & en même temps : mais dans ces tuyaux pneumatiques, le premier air devant pouſſer celui qui lui eſt proche, plus il le frappera de côté, &

moins celui qui eſt beaucoup éloigné de la perpendiculaire ſera ébranlé. C'eſt pourquoi laiſſant le même
grand diametre , plus on allongera le tuyau , plus
on fera que les parties de l'air ſe pouſſeront plus
facilement les unes & les autres , & feront l'effet
que l'on ſouhaite , qui eſt d'ébranler toutes les parties de l'air contenues dans ce tuyau.

Il n'eſt pas beſoin de déterminer quelle eſt la proportion de la longueur à la largeur; elle n'eſt point ſi
préciſe que l'on s'en doive mettre en peine , comme
on l'expérimente dans les tuyaux d'orgues , où une
même anche ſert à pluſieurs tuyaux de différentes
longueurs & de différentes largeurs.

Au reſte , il me ſemble que ſi l'on a bien conçu ce
que j'ai dit du ſon qui ſe fait dans les tuyaux à
anches de figure conique , on n'aura pas de peine
à concevoir l'effet des trompettes parlantes , qui ne
ſont autre choſe que des tuyaux coniques , dont le
larinx & quelques autres parties de la langue font
l'office d'anches. Car, pour ce qui eſt de l'articulation
& de la prononciation des voyelles & des con-
ſonnes, on ſait que ce n'eſt que l'air du dedans de
la bouche qui eſt battu d'une certaine façon par
celui qui ſort des poumons ; & il eſt prouvé que ,
parlant dans une trompette , l'air qui eſt contenu
au-dedans doit agiter l'air extérieur , de la même
maniere que celui qui eſt proche de la bouche , ce
qui forme les paroles & les ſyllabes.

Il faut particulierement remarquer que la voix
ne ſe forme point au ſortir de la bouche , mais ſeulement à la ſortie de la trompette , & que ce n'eſt
que la colliſion de l'air qui eſt à ſon extrémité , avec
celui qui eſt au-dehors , de telle maniere que l'air qui
eſt dans le pavillon de la trompette a le même mouvement & la même agitation que celui qui eſt dans
la bouche ; mais étant en plus grande quantité , c'eſt

ce qui groffit la voix & la fait entendre plus loin dans la proportion que nous dirons tantôt.

On conclura de tout ce que je viens d'avancer, que la bonté des trompettes parlantes ne confifte que dans leurs grands diametres, & non dans leur longueur qui eft toujours nuifible lorfqu'elle excede.

On appercevra pareillement, que plus elles feront larges, plus elles devront être longues.

Que la meilleure figure qu'on leur puiffe donner eft celle du cône & de toutes fortes de pyramides, & que les plis ou contours y font indifférens.

Que toutes ces figures réuniffantes, paraboliques, hyperboliques, elliptiques & autres, faites des fections du cône, que quelques favans croient être les meilleures, ne font qu'imaginaires & fans fondement.

Pour en être perfuadé, il eft néceffaire de bien examiner & de ne pas confondre les différens fons; car les uns font faits par des cordes à boyau, comme dans les inftrumens qui en font montés; les autres par la percuffion, comme dans les cloches, tambours, &c. & les autres par le vent, comme dans les inftrumens pneumatiques. Il y a même de la différence dans ces derniers, car ceux qui fe font par le coupement de l'air, auffi bien que tous les autres fons de cordes & de percuffion, ne font point groffis dans les trompettes parlantes, il n'y a que ceux qui fe font par le moyen des anches, parce que ces fons fe produifent par un pouffement d'air total, ou d'une grande maffe d'air.

Soit que l'on fuive l'opinion de Gaffendi, qui veut que le fon foit un amas de petits corpufcules d'une certaine figure, lefquels font tranfportés avec une rapidité très-grande depuis le corps fonnant jufqu'à l'oreille, foit que l'on adhere à Defcartes, qui, plus vraifemblablement, penfe que ce n'eft qu'un certain mouvement de l'air ; ou foit enfin que l'on embraffe quelque autre fentiment, il n'eft pas poffible

d'expliquer

d'expliquer l'effet de ces inſtrumens, en ſuppoſant que ces figures faites par ces lignes courbes ſoient les meilleures de toutes, parce qu'on ſuit néceſſairement une des opinions que j'ai réfutée ci-devant.

Je ne voudrois pas pourtant nier, que ſi on mettoit deux montres ſonnantes à l'embouchoir de deux trompettes, dont l'une fût d'une figure hyperbolique, & l'autre irréguliere, le ſon de la premiere ne ſe fît entendre plus loin que celui de la ſeconde, à cauſe des réflexions que l'on prétend y être faites; mais ayant fait voir clairement que le ſon de la voix & des anches s'y forme d'une autre maniere que celui de ces montres, il n'eſt pas beſoin que je m'étende davantage.

Lorſque j'ai dit qu'il n'y avoit que les ſons des anches qui étoient groſſis dans les trompettes parlantes, j'ai ajouté que c'étoit parce que ces ſons étoient produits par un pouſſement d'air total, ou d'une grande maſſe d'air. Si donc il ſe trouvoit dans quelque occaſion un pouſſement d'air total, lequel fît ſon, quoiqu'il n'y eût point d'anche, ce ſon ne laiſſeroit pas d'être groſſi dans les trompettes; c'eſt ce qu'effectivement nous voyons arriver dans les ſons produits par les armes à feu; car ſi l'on tire un piſtolet de poche dans une trompette parlante, il rend un ſon preſque auſſi violent que celui d'un canon.

On ſait que nos canons ordinaires produiſent ce grand ſon, à cauſe que la poudre étant enflammée & raréfiée extrêmement, elle chaſſe avec violence une quantité d'air conſidérable qu'elle condenſe, & cet air condenſé, tendant à ſe remettre dans ſon état naturel, ſe raréfie, mais plus qu'il ne faut, ce qui l'oblige à ſe condenſer de rechef, & ainſi pluſieurs fois de ſuite, comme l'a très-bien expliqué M. Rohault dans ſa phyſique.

On ne doit pas douter non plus que la même chofe n'arrivât dans un canon dont la cavité feroit en cône, car la poudre s'y enflammant & s'y raréfiant, elle chafferoit l'air avec la même force que dans un canon cylindrique, comme il eft aifé de le déduire des propofitions que j'ai avancées, à moins que la fituation de la poudre qui ne feroit pas la même ou quelqu'autre chofe, n'y apportât du changement. Cette expérience ne feroit point inutile ; & fi le fon étoit égal dans ces deux canons, cela confirmeroit entiérement ma penfée, & j'ai fujet de croire que la chofe arriveroit comme je le dis, puifque j'ai expérimenté & que M. Denis a publié dans fes mémoires, qu'ayant tiré un piftolet dans une trompette parlante, tous ceux qui l'entendirent fans le voir, crurent que c'étoit une piece de canon qu'on venoit de tirer. On pourroit, par ce moyen, faire des canons qui produiroient avec peu de poudre des fons très-grands, dans les occafions où l'on en a befoin.

Quoique les fons des trompettes de guerre & ceux des cors de chaffe fe faffent par un pouffement d'air total, ils ne font pas néanmoins groffis dans les trompettes parlantes, à caufe que le fon y eft formé avant que d'être à l'embouchoir, & que ces trompettes parlantes feroient une production inutile du pavillon de ces trompettes & de ces cors de chaffe.

Pour ce qui eft de la matiere, il n'importe quelle elle foit, contre ce qu'en a écrit M. Caffegrain ; il y a feulement cette différence, que les fons de celles qui feront faites d'une matiere plus molle, comme de carton & de bois, feront des fons plus mols & moins éclatans, comme il arrive dans les tuyaux d'orgues, lefquels étant de même grandeur font l'uniffon, quoique la matiere des uns foit de plomb ou d'étain, & celle des autres de fer ou de cuivre.

Au refte toutes les expériences que j'ai faites fur

ces trompettes ont toujours confirmé mon senti-ment. En voici quelques-unes.

Les voix grêles & petites ne sont pas grossies considérablement dans les grandes trompettes.

Les sifflemens, les sons des flageolets, des montres sonnantes, & de tous les autres instrumens qui ne se servent point d'anches n'y sont point grossis; on les entend seulement d'un peu plus loin.

On y parle ordinairement du nez, ce qui montre très-bien le lieu où se forme la voix; on y pourroit remédier en ajoutant deux tuyaux proportionnés au corps de la trompette qui aboutiroient au nez; mais comme ce défaut n'est point considérable, il n'est pas besoin de tant de mystere.

On y prononce mieux les syllabes où se trouvent des A & des O, que celles dans lesquelles il se rencontre des I & des U. La raison en est facile, si on examine les différentes ouvertures de la bouche de celui qui parle, & si on remarque qu'il pousse plus ou moins d'air une fois qu'une autre.

Pour déterminer maintenant la distance à laquelle on se doit faire entendre par le moyen de ces trompettes, il n'est pas facile de le faire à cause de la difficulté des expériences.

Il faudroit connoître précisément si la force du son est d'autant plus grande qu'il est fait par un battement d'air plus violent, & si ce battement d'air est d'autant plus violent, que l'on en frappe une plus grande quantité en même temps.

Il seroit pareillement nécessaire que l'on sût si un son doit être quatre fois aussi fort qu'un autre, pour avoir sa sphere sensible double, & supposé que les sons suivent en cela les proportions de la lumiere, comme il y a apparence, la grande ouverture des trompettes devra être en raison double

des diftances ; c'eft-à-dire, que fi un homme fe fait
entendre à deux cents pas fans trompette , il fe fera
entendre à deux mille avec une trompette dont la
grande ouverture fera centuple de fa bouche, ou
dont le diametre fera dix fois plus grand. Mais
comme le fon diminue à proportion qu'il s'éloigne
du lieu où il a commencé , il ne fuffit pas qu'il
foit quatre fois plus fort en fon commencement ,
pour faire une égale impreffion de deux fois auffi
loin ; & fi cette diminution fe fait en même proportion que l'efpace s'augmente, il doit être fix
fois plus fort en fon commencement pour être
entendu auffi aifément d'une double diftance.

Les expériences de toutes les trompettes que
l'on a faites jufqu'à préfent fuivent à-peu-près ce
calcul, parce qu'il eft mal-aifé, comme on fait,
de l'examiner dans une précifion fort exacte ; on
ne les rapporte point avec les circonftances des
lieux & des perfonnes, & on omet plufieurs autres
chofes, crainte de groffir inutilement ce difcours. Il
ne faut pas s'étonner fi nos trompettes d'aujourd'hui
font fort éloignées de l'effet de celle d'Alexandre ,
par le moyen de laquelle on dit qu'il fe faifoit entendre à cinq lieues, puifqu'on n'en a point encore
faites qui euffent cinq coudées ou nonante pouces
de diametre, & que l'on a toujours cru que la
bonté de ces trompettes dépendoit de leur longueur.

Mais parce qu'il faut de la force pour pouffer
l'air qui eft contenu dans ces trompettes , & qu'en
augmentant leur grand diametre , on eft obligé
en même temps de leur donner plus de longueur,
comme j'ai fait voir, il eft manifefte que les plus
longues devant contenir une plus grande quantité
d'air, il fera plus difficile de l'ébranler, à caufe
de la foibleffe des poumons ; & c'eft ce qui me
fait douter de l'effet de celle d'Alexandre, & ce

qui me fait appréhender que l'on ne puiſſe perfectionner ces inſtrumens autant qu'il ſeroit à ſouhaiter.

Je ne ſais ſi cette trompette que j'ai imaginée ne pourroit pas remédier à cette foibleſſe des poumons; c'en ſont quatre jointes enſemble, leſquelles n'ont qu'un pavillon commun à l'imitation de celle de M. Gallois, mais en cela différentes, qu'elles ont chacune leur embouchoir, en telle ſorte que quatre perſonnes peuvent parler dedans en même temps. Il y a ſeulement à appréhender que l'articulation ne s'y faſſe pas également, & que les paroles n'y ſoient confondues; l'expérience n'en ſeroit pas néanmoins déſagréable, & elle mérite bien la peine d'être faite.

On pourroit auſſi en faire une autre, avec laquelle un homme auroit pluſieurs voix, s'il parloit dans pluſieurs trompettes qui n'euſſent qu'un même embouchoir; & ſi le changement de longueur & de largeur dans ces trompettes donne un autre ton de voix, il eſt viſible qu'ayant différentes longueurs & différentes largeurs, un homme pourroit faire lui ſeul une eſpece de concert, en chantant dans une trompette de cette façon, ce qui ne ſeroit pas déſagréable à entendre, particuliérement dans les lieux où il y a pluſieurs échos.

On ne peut point nier que cela n'arrivât dans nos trompettes ordinaires & dans nos cors de chaſſe, s'ils ſe diviſoient à une certaine diſtance de l'embouchoir, & qu'ils euſſent deux pavillons, comme j'ai dit; car on ſait que ce n'eſt pas l'air qui ſort des poumons, qui produit le ſon que l'on entend, mais celui qui eſt contenu dans ces inſtrumens, & qui eſt pouſſé par celui qui ſort de notre corps; & ayant prouvé qu'il pouſſeroit avec la même force celui qui ſeroit dans l'un & dans l'autre pavillon, il s'enſuit que l'on doit entendre deux fons différens , lefquels auront différens tons , les pavillons étant inégaux en longueur & largeur , fi quelque chofe imprévue n'y apporte du changement.

Enfin , toutes ces expériences fe peuvent faire avec les canons & autres armes à feu , & avec toute forte de tuyaux à anches , puifqu'elles font fondées fur le même principe. Je propofe feulement celles-ci à faire à ceux qui en ont les moyens ; j'en ai quelques autres dans l'efprit , qui pourroient fervir à l'éclairciffement de la nature du fon , & même à la perfection de l'ouie , & à des découvertes très - utiles ; mais n'ayant à prefent ni le temps ni les moyens de les exécuter , je les paffe fous filence.

L'ART

D E

RESPIRER SOUS L'EAU,

Et le moyen d'entretenir, pendant un temps considérable, la flamme enfermée dans un petit lieu.

Omne principium rude & imperfectum, sed per additamenta artis, tractu temporis res perficiuntnr. SENECA.

Nulla res consummata est, dum incipit. Idem.

Réimprimé sur la seconde Édition *in-4°.*, faite à Paris en 1692.

B 4

L'ART

DE

RESPIRER SOUS L'EAU;

Et le moyen d'entretenir, pendant un temps considérable, la flamme enfermée dans un petit lieu.

Tous les hommes favent, par expérience, que la refpiration eft néceffaire à la vie, & que les poumons font l'organe de cette action. Les oifeaux qui s'élevent dans le plus haut de l'air, les animaux & les infectes qui font fur la terre & dans fes parties intérieures, & les poiffons même qui nagent dans les eaux, font indifpenfablement obligés de refpirer. Quoique ces derniers n'aient point de poumons, ils ont néanmoins des bronchies que l'on nomme vulgairement les ouies, qui leur en tiennent lieu. Et la nature a tellement conformé les parties propres à la refpiration des uns & des autres, felon le liquide qu'ils refpirent, qu'il n'eft pas en leur pouvoir de le changer, & de prendre ou l'un ou l'autre indifféremment. C'eft pourquoi nous voyons que les poiffons meurent bientôt lorfqu'ils font mis dans l'air, les oifeaux lorfqu'ils font plongés dans l'eau, & le refte des animaux lorfqu'ils font ou dans l'eau ou dans un air trop fubtil. Ceux que l'on appelle amphybies,

qui vivent & sur la terre & dans l'eau, n'ont pas
différens poumons pour respirer l'eau & l'air : ils
respirent tous ce dernier ; mais une circulation particuliere de leur sang, fait qu'ils peuvent interrompre
la respiration pour quelque temps.

Usage de la respiration. Il n'est pas facile de rendre raison & d'expliquer
tous les différens usages de la respiration. Les plus
grands philosophes & les plus savans médecins pen-
sent qu'elle a été donnée aux animaux, pour rafraî-
chir le sang trop échauffé au sortir du ventricule droit
du cœur; pour contribuer à la formation des esprits,
par le moyen des parties nitreuses de l'air qui se
mêlent avec le sang, & pour pousser dehors les vapeurs & les parties fuligineuses qui l'empêcheroient
de couler dans le ventricule gauche.

La connoissance de la fabrique du cœur & de la
circulation du sang, fait voir évidemment la nécessité
de la respiration pour le rafraîchissement du sang,
lequel, au sortir du ventricule droit du cœur, est tellement échauffé & raréfié, que s'il ne passoit par des
lieux frais, devant que d'entrer dans le ventricule
gauche, il produiroit des esprits qui seroient dans
une agitation si grande, & divisés en des parties si
subtiles, qu'ils monteroient en foule à la tête, & passant à travers les pores du cerveau, le déchireroient
& causeroient dans l'animal des phrénésies & des
mouvemens extraordinaires, & enfin une dissolu-
tion entiere de sa machine. C'est pourquoi la nature
lui a donné des poumons, lesquels attirent & chassent
continuellement de l'air, qui, étant, par sa subtilité
naturelle, capable de pénétrer les conduits & les intervalles des chairs les plus solides, se mêle avec le
sang, le rafraîchit & lui donne la forme de sang
artériel, ralentit le mouvement violent des esprits
& contribue à leur formation, entraîne en sortant
les fumées & les vapeurs fuligineuses du sang, & le

prépare de telle maniere qu'il entre dans le ventricule gauche du cœur , très-pur & extrêmement ra-
fraîchi , d'où il coule sans aucun empêchement
dans l'aorte, & dans les autres veines & arteres du
corps, pour revenir de nouveau dans le ventricule
droit du cœur , & entretenir cette circulation con-
tinuelle.

L'art imite en quelque façon cette préparation du
sang , & elle a beaucoup de rapport à la maniere
dont on fait les eaux-de-vie, l'esprit de vin , &
toutes les distillations ; car on fait passer un long
canal à plusieurs contours, dans un tonneau rempli
d'eau froide , afin d'épaissir & de condenser les
parties que le feu avoit raréfiées & mises en agitation. On peut aussi croire que les poumons sont
comme un crible, qui , par la respiration , ôtent les
ordures du sang , & séparent les humeurs qui suf-
foqueroient le cœur , si elles étoient mêlées avec
le sang.

La respiration se fait par l'action des muscles de
la poitrine & du bas-ventre, lesquels, faisant étendre
& resserrer le corps, obligent l'air d'entrer & de
sortir ; car il y a deux muscles principaux qui s'en-
flent & qui s'abaissent alternativement, par le moyen
des esprits qui viennent du cerveau , & qui, par leur
entrée & par leur sortie , entretiennent continuellement la systole & la diastole des poumons : la diastole , lorsque la poitrine occupe une plus grande
étendue qu'à l'ordinaire ; & la systole , lorsqu'elle
s'abaisse & qu'elle retourne dans son état naturel.

(en marge : Comment se fait la respiration dans les animaux parfaits.*)*

Ces muscles sont tellement disposés, que, pendant
que l'un est enflé, l'espace que les poumons occupent
est aggrandi ; & ainsi l'air entre par la bouche &
par les narines : & pendant que l'autre s'enfle , cet
espace est abaissé, & l'air sort par où il étoit venu ;
de la même maniere que l'air entre dans un souflet ,

lorſqu'on éleve une de ſes aîles , & qu'il en ſort , lorſqu'on l'abaiſſe.

Il eſt évident que l'air frais qui entre & qui ſort continuellement des poumons , rafraîchit le ſang de la même façon que l'eau à la glace pendant l'été rafraîchit le vin enfermé dans des bouteilles. Ce que j'ai reconnu par une expérience que j'ai faite depuis peu ſur un chien , auquel ayant levé le *ſternum* , les poumons s'abaiſſerent auſſi-tôt , & changerent de couleur ; & ayant mis la main ſur le cœur , j'apperçus que les battemens en étoient plus lents , & que cet animal commençoit à tomber en défaillance : je fis mettre l'extrémité d'un ſouflet dans la trachée-artere , & l'ayant fait agiter continuellement , les poumons s'enflerent & devinrent plus vermeils , & je ſentis à la main quelque fraîcheur conſidérable. Ce chien commença de reprendre vigueur , & les battemens de ſon cœur devinrent plus précipités, en ſorte que, pendant trente ſecondes, j'en comptai juſqu'à ſoixante-huit. Et ayant ceſſé pendant quelque temps d'enfler les poumons, cet animal tomba de rechef en pamoiſon ; & les ayant fait enfler de nouveau , il revint à lui ; ce que je continuai pendant plus d'une demi-heure qu'il reſta en vie.

Cette expérience me fit conjecturer que les poumons étant abaiſſés , le ſang qui ſortoit du ventricule droit & qui entroit dans les arteres du poumon , ne pouvoit paſſer que difficilement dans les veines de cette partie , pour ſe rendre dans le ventricule gauche ; ce qui cauſoit la lenteur des battemens, leſquels auroient ceſſé entiérement s'il n'en eût point coulé du tout. Mais comme il y a quantité d'anaſtomoſes ou inſertions des veines aux arteres, il en reſte toujours quelques-unes dont les paſſages ſont ouverts , qui laiſſent couler quelque portion de ſang dans le ventricule gauche du cœur, & qui en entre-

tiennent les battemens avec la circulation du sang.
Ce qui pourroit aussi faire conjecturer que l'apo-
plexie, les suffocations de matrice, & les autres
syncopes proviendroient plutôt de cet abaissement
des poumons, que de la coagulation du sang, des
obstructions, & de la rupture des petits vaisseaux,
que l'on prétend se faire dans le cerveau.

Un grand philosophe dit, en quelque endroit de
ses écrits : « Que le vrai usage de la respiration est
» d'apporter assez d'air frais dans le poumon, pour
» faire que le sang qui y vient de la concavité droite
» du cœur, où il a été raréfié & comme changé en
» vapeurs, s'y épaississe & se convertisse en sang de
» rechef, avant que de retomber dans la gauche ;
» sans quoi il ne pourroit être propre à servir de
» nourriture au feu qui y est. Ce qui se confirme,
» parce qu'on voit que les animaux qui n'ont point de
» poumons, n'ont aussi qu'une seule concavité dans
» le cœur ; & que les enfans qui n'en peuvent user
» pendant qu'ils sont renfermés au ventre de leurs
» meres, ont une ouverture par où il coule du sang
» de la veine-cave en la concavité gauche du cœur,
» & un conduit par où il en vient de la veine arté-
» rieuse en la grande artere, sans passer par le
» poumon. »

Cette maniere dont la nature a pourvu à la con-
servation de l'enfant, lorsqu'il est encore enfermé
dans le ventre de sa mere, & qu'il ne peut avoir
l'usage de la respiration, est admirable. Elle a fait
en sorte que le sang qui est extrêmement échauffé
& raréfié dans le cœur, n'y retournât plus qu'en
très-petite quantité, parce que le passage des poumons étant fermé à cause de leur consistance dure
& ferme, le sang est conduit du ventricule droit du
cœur dans le ventricule gauche, par un autre
chemin ; savoir par le trou de la veine-cave, de

laquelle il y a un conduit , qui va à l'artere-veneuse ,
qu'on appelle le trou ovale ; & un autre de la veine-
artérieuse , qui va à la grande artere ; par lesquels
conduits le sang est obligé de passer ; & lorsque le
fœtus est sorti du ventre de la mere , le sang entre par
l'artere & par la veine pulmonaires ; ou parce que les
vaisseaux des poumons sont plus forts , & lui donnent
une entrée plus facile ; ou parce que les conduits du
trou ovale & du canal artérieux se bouchent petit-
à-petit , & deviennent un ligament ; ce que l'on peut
voir commodément au défaut d'un fœtus , dans les
veaux & dans les agneaux qui sortent du ventre de
eurs meres.

Circulation du sang dans les amphy- bies. — Les amphybies qui demeurent sur la terre & dans
l'eau , sont de deux manieres ; car les uns étant plus
dans l'eau que sur la terre , comme le veau marin ,
le dauphin , le crocodile , les tortues & les gre-
nouilles , tiennent de la nature des poissons ; & quoiqu'ils aient deux ventricules du cœur , & que quelques-uns même n'en aient qu'un , comme les tortues ,
leur sang passe au-travers des parois de ces ventricules , & leurs poumons qui sont membraneux ne
leur servent qu'à soutenir leur corps dans l'eau. Pour
les autres qui sont obligés de demeurer quelque
temps dans l'eau , soit pour y chercher leurs ali-
mens , ou pour d'autres raisons , comme les canards ,
les plongeons , & quelques autres , ils sont nécessités
d'interrompre la respiration : c'est pourquoi la nature leur a laissé les conduits , dont nous venons de
parler , ouverts ; lesquels ne se ferment point pendant
toute leur vie , soit à cause de l'usage qu'ils en font
tous les jours , soit à cause de quelque disposition
naturelle qui est dans ces parties , qui empêche
qu'elles ne puissent se boucher qu'avec peine.

Dans les plongeurs. — C'est sans doute à cette même cause que l'on doit
attribuer l'effet prodigieux de ces hommes plongeurs,

dont il est fait mention dans les histoires , qui ont demeuré sous l'eau pendant quelques heures. Et on peut penser que ces deux conduits ; savoir , le trou ovale & le canal artérieux , leur sont demeurés ouverts , afin que le sang circulât de la même maniere qu'il faisoit avant leur naissance ; & la dissection que l'on a faite de quelques-uns dans lesquels on a trouvé ces deux conduits ouverts (si l'on en croit Riolan , Bartholin , & quelques autres célebres anatomistes) en est une preuve assez convaincante.

Il seroit à souhaiter que tous les hommes , ou une grande partie , eussent le même avantage ; & qu'il fût en leur disposition de demeurer sous l'eau pendant quelques heures , soit pour en tirer ce qui s'y perd continuellement , soit pour la pêche des perles , du corail , &c. , soit pour jouir d'une infinité de choses utiles qui y sont : ce qui a fait croire à plusieurs que ce seroit découvrir un nouveau monde , que de trouver un moyen de demeurer sous l'eau un temps considérable ; & c'est pour cette raison que les plus grands esprits & les plus savans hommes de chaque siecle se sont appliqués à la recherche de ces moyens.

Je rapporterai ceux qui sont venus à ma connoissance , avec les inconvéniens qui les rendent impossibles ou de nul usage , avant que de proposer celui que j'ai imaginé.

Anciens moyens de respirer sous l'eau.

Ceux qui ont tenté de faire , par art , ce trou ovale & ce canal artérieux , & d'habituer les enfans à être quelque temps sans respirer , l'ont fait inutilement , parce qu'il est apparemment impossible.

Le trou ovale.

Le navire que Drebel imagina autrefois , avec lequel il prétendoit naviguer entre deux eaux , fit bruit , & parut être d'usage & praticable dans son temps , comme on peut le conjecturer de la maniere dont un auteur de ce temps-là en parle dans

Le navire de Drebel.

ses écrits, & qu'il semble approuver par plusieurs raisons qu'il apporte, & par divers moyens qu'il donne pour y entretenir le feu nécessaire à la cuisson des viandes & autres usages de la vie ; pour s'y servir du canon & de toute sorte d'armes à feu, & pour en exclure les ordures & toutes les choses incommodes à l'odorat & aux autres sens.

Cet auteur dit : « Que, par le moyen de ce navire,
» on pourra faire en un an ou deux, tout le tour de
» la terre sans être apperçu ; & qu'étant fort grand,
» il contiendra cent hommes, avec toutes les pro-
» visions dont ils auront besoin pendant tout ce
» temps ; qu'il croit que l'on pourra faire des
» colonies d'hommes marins, qui y demeureront
» pendant toute leur vie, & qui voyageront, &
» communiqueront non-seulement ensemble, mais
» aussi avec les habitans de l'air ; qu'ils y exerce-
» ront toutes sortes d'arts ; qu'ils y feront des con-
» certs de musique (*a*), des expériences & des

Note de l'éditeur.

(*a*) Contes que tout cela ; le croira qui voudra. Mais puisqu'il est ici question de concerts de musique sous l'eau, nous saisissons cette occasion de rapporter à ce sujet des observations intéressantes, qui prouvent que les bruits qu'on feroit & qu'on entendroit, étant sous cet élément, ne sont pas chose aussi indifférente qu'on pourroit le penser. Nous devons ces observations à un excellent ouvrage de M. Roger, médecin de Montpellier, qui a pour titre : *Tentamen de vi soni & musices in corpus humanum, &c. Avenione,* 1758. *in·* 8°. Nous citerons ses propres paroles, avec les paragraphes où elles se trouvent consignées.

§. 98.   *D. Nollet collisit simul duo saxa sub aquâ, & intolerabilem impresserunt ei concussionem, quam partim sensit in auditûs organo, partim in superficie totiûs corporis ; ità ut duobus organis in aquâ strepitus percipi possit, tactu & auditu . . . . .*

Ibid.   *Aër in aquâ compressus, vim habet similem ipsi aquæ, cujus locum tenet ; uti patuit experimento improviso* (1),

(1) *Sturmius, colleg. curios. vol.* 2. *Tantam,* 1.

observations

» obſervations ſur la phyſique ; & qu'enfin s'il y
» a des ſavans qui y compoſent des livres , que
» l'on en pourra faire l'impreſſion au fond de la
» mer , & envoyer ces nouveaux livres aux habi-
» tans de l'air. Voici ſes paroles :

Terrenum ambitum , nemine cœterorum morta-

---

cum perluſtraretur , an ſoni ex aquâ in aërem tranſeant.
Urinator , ſub campanâ in mare deſcenderat , & ſimul ac
cornu ſonare cœpit , tanto ictu percuſſus fuit , ut præ ſtupore
& vertigine , ferè è campana in mare ceciderit.

Ces effets ſont attribués à la denſité du milieu ſoit de l'eau
ſoit de l'air , dans lequel ces ſons ſe font entendre ; & ils ſont
d'autant plus forts & plus violens , que cette denſité eſt plus conſidérable , comme au contraire ils ſont plus foibles ſi la rareté
du milieu eſt plus grande. Cette obſervation nous paroît une
des plus importantes pour la perfection de l'acouſtique , &
particuliérement pour celle des inſtrumens avec leſquels on
ſe propoſe d'augmenter conſidérablement l'effet du ſon ſur
l'oreille , parce qu'il s'enſuit qu'un des principaux moyens
pour obtenir cet avantage , c'eſt de faire ces inſtrumens de
telle façon que l'air qu'ils contiennent & qui doit être ébranlé
par les moindres vibrations de celui de dehors , ſoit autant
condenſé qu'il eſt poſſible. Voici en leur entier deux autres
paragraphes du même M. Roger , qui confirment cette aſſertion & tout ce qui précede.

Si aër ad inſuetam feratur denſitatem , quod fit cum co-
lumna athmoſpharea augetur elevatione ſupra noſtrum caput ,
ſeu fiat deſcendendo in profundiora loca , ſeu ipſe aër eleva-
tione & denſitate creſcat ; denſitas hæc major , multiplicata
per quadratum velocitatis ejuſdem ſoni , vehementes exerit
effectus & homini noxios. Horum exemplum præbet urinator ,
qui in profundum mare devolutus ſub campanâ mediocre ,
cornu inflare tentans , horrendis illicò ictibus percuſſus , ver-
tigines tantas patitur , ut vix ſeſe ſub eâ ſalvus tueri potuerit.

Alia media ſeu vehicula ſoni , aëre denſiora , eodem modo
poſſunt noxios effectus vi ſuâ exerere ; uti D. Nollet tantùm
à colliſu duorum lapidum intra aquam , ſuo detrimento ex-
periebatur. Et quanquàm notaverit corpora magis ſonora ,
minùs dolorificè eum affeciſſe , tamen cùm gravitas ſpecifica
aquæ ſit ad gravitatem ſpecificam aëris , uti 900 ad 1 , peri-
culoſum foret concentum inſtrumentorum in aquis ſonantium ,
ſub aquâ audire : Et poſito quod velocitas ſoni non foret
major in aquâ quàm in aëre , patet jam in eâ impreſſionem
ſoni debere eſſe ad eamdem in aëre , ut 900. ad 1.

§. 220.

§. 221.

lium conscio , unus aut alterius anni spatio , conficere potest (hæc navis), quæ si maris profundum non desit , tantæ magnitudinis esse queat , ut unius anni victum centum hominibus suppeditet..... adeò ut existimem diversas colonias sub aquis marinis posse degere , & totâ vitâ persistere , ibique in alias propagari..... Colymbas verò multa post experiri , quæ physicam promoveant..... Submarini nautæ & incolæ poterunt aëris incolis sua communicare , mutuoque recipere aërea commoda , quem etiam suavissimi concentus , in navi submarinâ recreare poterunt..... Si quis verò nautarum libros scripserit de noviter in maris fundo repertis , excudi poterunt & typis committi in ipso fundo , ut ex immersâ nave ad terrenos incolas novi libri mittantur.

Ce navire n'étoit autre chose qu'un bateau qui avoit à-peu-près la figure d'un œuf, si pesant qu'il s'enfonçoit de lui-même dans l'eau, & si exactement fermé de toutes parts qu'elle n'y pouvoit pénétrer ; lequel contenoit un certain nombre d'hommes qui le conduisoient haut & bas , à droite & à gauche , & par-tout où ils vouloient , avec des rames disposées d'une façon particuliere.

Mais toutes ces belles idées n'ont point eu de lieu depuis tant d'années qu'on les a publiées ; & nous n'en avons vu aucune expérience , qui difficilement auroit réussi , parce que l'eau résistant beaucoup , il auroit fallu bien des forces pour mouvoir ce vaisseau , & une extrême pesanteur pour le faire submerger s'il eût été fort grand ; &, étant petit , il auroit contenu peu d'hommes , qui n'y auroient pu vivre long-temps faute d'air. Il paroît que cette invention ne peut être mise en pratique , & que toutes les conséquences qu'on en a tirées , sont imaginaires , quoique celui qui a inventé ce navire , ait publié qu'il savoit le moyen de purifier l'air qui étoit dedans, & de le rendre toujours propre à la respiration.

Quelques-uns ont cru qu'il suffisoit de mettre à la bouche une grande vessie en forme de bouteille, ou de s'enfermer la tête ou même le corps entier dans un sac de cuir, qu'ils lioient sous les aisselles & au milieu des bras, avec des verres aux deux yeux pour appercevoir les objets qui étoient dans l'eau, comme on voit dans les figures de Vegece. Mais cette maniere n'est gueres plus praticable que la précédente, parce que, y ayant peu d'air, il est bientôt échauffé & rempli de vapeurs par celui qui sort des poumons. *Le sac de cuir.*

Supposons, par exemple, que cet homme pousse à chaque respiration quatre ou cinq pouces cubiques d'air, il est certain que cet air échauffé & plein de vapeurs, se mêle au sortir de la bouche avec celui qui est enfermé dans ce sac, lequel il échauffe & infecte, pendant que les poumons en attirent une autre pareille quantité; laquelle venant à en sortir avec la chaleur qu'elle y a acquise, elle se mêle avec celui qui étoit déja échauffé & qu'elle échauffe de nouveau : ce qui fait qu'en peu de temps cet air enfermé acquiert une grande chaleur & se remplit bientôt de vapeurs.

La cornemuse que l'on voit dans les figures de Flave Vegece, est un long tuyau de cuir, attaché par une extrémité à un liége ou à une vessie pleine d'air, laquelle nage sur la superficie de l'eau, dont l'autre bout est appliqué à la bouche du plongeur & par-dessous ses aisselles, en sorte qu'il puisse respirer & que l'eau n'entre point dans son corps. *La cornemuse.*

Quoique plusieurs personnes assurent que ce moyen se pratique souvent avec succès, j'ose dire qu'il est impossible à une grande profondeur & pour un temps considérable , dont il y a deux raisons principales.

La première est tirée de l'équilibre des liqueurs de M. Pascal, où il fait voir de quelle sorte l'eau agit contre tous les corps qui y sont, en les pressant par tous les côtés ; & où il démontre qu'un corps compressible qui y est enfoncé, doit être comprimé en dedans vers le centre ; ce qu'il confirme par plusieurs exemples, dont je ne rapporterai que celui-ci.

« Si un soufflet, dit-il, qui a le tuyau fort long,
» comme de vingt pieds, est dans l'eau en sorte que
» le bout du fer sorte hors de l'eau, il sera difficile
» à ouvrir, si on a bouché les petits trous qui sont
» à l'une des ailes ; au lieu qu'on l'ouvriroit sans
» peine s'il étoit en l'air, à cause que l'eau le com-
» prime de tous côtés par son poids. Mais si l'on
» y emploie toute la force qui est nécessaire &
» qu'on l'ouvre, si peu qu'on relâche de cette
» force, il se referme avec violence (au lieu qu'il
» se tiendroit tout ouvert s'il étoit dans l'air), à
» cause du poids de la masse de l'eau qui le presse.
» Aussi plus il est avant dans l'eau, plus il est diffi-
» cile à ouvrir, parce qu'il y a une plus grande
» hauteur d'eau à supporter ».

Il ne faut avoir qu'une médiocre intelligence pour concevoir que cette cornemuse ou ce tuyau attaché à la bouche d'un homme qui est enfermé dans l'eau, est un effet semblable à celui-ci ; que les poumons sont effectivement un soufflet ; & que, pour les enfler, il faut que cet homme éleve toute la colonne d'eau qui est au-dessus de lui, laquelle étant extrêmement haute, & la force de ses muscles n'étant pas assez grande, il est impossible qu'il l'éleve & qu'il puisse par conséquent respirer.

La seconde raison de l'impossibilité de ce moyen,

n'est pas plus difficile à concevoir que la premiere ,
puisqu'il est évident que l'air qui sort des poumons
de cet homme , ne peut entrer que dans ce tuyau ,
& particulierement dans l'endroit qui est proche de
sa bouche ; & venant à respirer une seconde fois ,
il retire le même air qu'il repousse dans le même
lieu , & qu'il retire de nouveau ; à-peu-près comme
dans la trompette parlante , dans laquelle il est impossible de parler long-temps sans retirer sa bouche
pour respirer d'autre air que celui qui est dans la
trompette que l'on apperçoit très-humide & très-
échauffé. Ainsi celui qui se sert de la cornemuse ,
respirant le même air qui est sorti de ses poumons ,
le cœur lui manque après un petit nombre de res-
pirations , & il est obligé de revenir promptement à
la superficie de l'eau ; & ne le pouvant faire assez
tôt , souvent il étouffe ; & c'est la cause pour quoi
plusieurs sont morts en faisant cette épreuve , &
qu'ils ne sont jamais revenus.

La cloche est un moyen qui est connu de tout le   *La cloche.*
monde , & qui entre aisément dans l'esprit , à cause
de l'expérience facile qu'on a d'un charbon ardent
que l'on fait nager dans une coquille de noix , ou
sur quelque autre corps léger , & que l'on enferme
dans l'eau en renversant un verre sens-dessus-des-
sous. L'air qui est dans ce verre , n'en peut sortir ,
n'y ayant aucune ouverture ; & étant enfermé avec
force , il sépare l'eau de tous les côtés , & le charbon
paroît tout rouge au fond de l'eau , lequel revient
au dessus aussi-tôt qu'on retire le verre. L'artifice de
la cloche est la même chose , & il n'y a de différence que du petit au grand. Elle doit être d'un
poids suffisant pour s'enfoncer dans l'eau par sa
propre pesanteur , avec l'air qu'elle contient lorsqu'on la descend perpendiculairement la bouche en
bas ; l'air qui est dedans , ne trouvant aucune issue ,

est enfermé dans l'eau avec la cloche ; en sorte que l'homme qui est placé dans cet espace sur un ais en forme de marche-pied , a toujours la liberté de respirer ,d'y agir, & de faire tels mouvemens qu'il lui plaît.

Quelques - uns disent qu'Aristote n'a pas ignoré cette invention ; que Bacon l'a fort bien expliquée, & qu'elle a été pratiquée en la ville de Tolede , par deux Grecs, lesquels, au rapport de *Teysner* dans son opuscule *de motu celerrimo* , allerent & sortirent plusieurs fois du fond de l'eau, en la présence de Charles-Quint , sans se mouiller , & sans éteindre le feu qu'ils portoient dans leurs mains. On dit que cette expérience a été faite en plusieurs endroits , & qu'il n'y a pas encore long-temps qu'elle a été exécutée à Venise, en présence du Dôge & de plusieurs Sénateurs , & qu'il y en eût un d'eux qui descendit sous cette cloche fort profondément dans la mer. Le temps de demeurer dans cette cloche , ne se peut déterminer que selon sa grandeur : Il y en a qui assurent qu'ils ont vu des plongeurs y rester pendant deux heures , dans une qui étoit haute de treize à quatorze pieds , & large de neuf.

Puisque l'expérience qui est la maîtresse des choses , fait voir que l'on peut , par ce moyen , demeurer sous l'eau pendant deux heures, on ne peut point douter qu'il ne soit bon ; & il n'y a d'inconvénient que l'embarras d'une grande machine, la nécessité de plusieurs hommes pour s'en servir, & la difficulté de la transporter par-tout où on en a besoin, ce qui en fait la principale incommodité , parce que celui qui est dedans ne pouvant se faire entendre que difficilement à ceux qui sont dans l'air, pour le conduire à droite ou à gauche, en haut ou en bas, il est obligé de se faire tirer hors de l'eau pour dire ses intentions, que l'on n'exécute souvent qu'à contre-sens lorsqu'on l'a descendu, ce qui l'oblige de revenir une seconde fois, avec perte de beaucoup de temps & peu de fruit de tant de peine.

L'incommodité que ce plongeur ressent, & qui l'empêche de demeurer plus long-temps sous cette cloche, provient de ce que l'air s'y échauffe, & non point, comme quelques-uns se sont imaginés, de ce que l'air est extrêmement comprimé sous cette cloche. Il est vrai que l'air qui y est enfermé se condense par la pesanteur de la colonne de l'air qui est au-dessus de lui, laquelle étant de trente-un ou trente-deux pieds, il est réduit à la moitié de l'espace qu'il occupoit, c'est-à-dire que si la cloche est enfoncée sous l'eau de trente-deux pieds, elle est moitié pleine d'air & moitié pleine d'eau ; & si on l'enfonce davantage il y entre plus d'eau, & l'air qui y est, est d'autant plus condensé que la colonne de l'eau est haute, & que la cloche descend plus profondément ; mais on ne remarque point que cet air cesse pour cela d'être propre à la respiration. On a fait des expériences de la compression de l'air, & on a vu que les animaux qui étoient dans cet air comprimé jusqu'à huit ou dix fois, n'y paroissoient point autrement que dans l'air libre, parce qu'ils étoient pressés également dans toutes leurs parties, & qu'il n'y en avoit aucune qui le fût plus que l'autre ; ce qui est aussi la cause pour quoi nous ne sentons point le poids de l'air, quoique considérable ; & que ceux qui sont dans l'eau n'en apperçoivent point la pesanteur.

Je ne parlerai pas d'un moyen dont quelques-uns sont prévenus, qui est de remplir la bouche d'huile, ou d'y appliquer une éponge pleine de cette liqueur, laquelle étant exprimée monte en-haut, & se fait (selon leur pensée) un jour à

travers duquel l'air pénetre & entre dans les poumons ; ce qui n'a aucune apparence de vérité.

Tous ces moyens font , comme je viens de
faire voir, ou évidemment faux ou très-difficiles
à pratiquer ; & quoique celui que je propofe ait
auffi fes difficultés, elles ne feront peut-être pas
fi grandes. Tout le fecret confifte à imiter exactement la nature , particulierement dans ce grand
& ce fameux principe de la circulation qui fe
trouve prefque dans toutes fes opérations ; dans
les cieux , par le roulement des étoiles & des
planetes ; dans la mer, par fon flux & fon reflux ;
dans les rivieres , par l'écoulement qu'elles font
de leurs eaux fur la terre extérieure , & par leur
retour ou dans la terre intérieure , ou dans les
nues , dont l'un produit les fources & les fon-
taines , & l'autre les pluies ; dans l'air , par les
vents qui y vont & viennent toujours ; dans les
plantes, par la circulation de leur feve ; dans les
animaux , par celle de leur fang , & de leurs
humeurs ; & généralement dans tous les corps
de l'univers , qui font inceffamment ébranlés par
une matiere imperceptible qui les met dans un
mouvement perpétuel , & qui les détruit continuellement pour leur faire prendre de nouvelles
formes.

Nous voyons que la nature n'a point ramaffé
tout le fang des animaux dans un lieu, & qu'elle
n'en a pas fait un grand réfervoir, pour en faire
couler quelques gouttes dans le ventricule droit du
cœur , qu'il auroit rejetté dans ce lieu pour en
reprendre continuellement une autre pareille quantité , parce que de cette maniere le fang fe feroit
bientôt échauffé : mais elle a fi bien difpofé les
organes de notre corps , & elle a fi induftrieufe-

ment placé quantité de valvules dans les endroits qui font néceſſaires , que le ſang qui eſt entré dans le cœur par la veine-cave , n'y peut plus rentrer qu'après un certain temps , & qu'après avoir parcouru toutes les arteres & toutes les veines du corps.

Ainſi, pour imiter comme il faut la nature , nous ne nous ſervirons point d'un réſervoir d'air pour la reſpiration , d'où nous en puiſſions prendre une quantité pour la rejetter dans le même lieu au ſortir de nos poumons , & en reprendre toujours de ce lieu & l'y remettre ; parce que de cette maniere cet air , quoiqu'en abondance , s'échauffe bientôt. Mais nous ferons enſorte que celui qui ſort de nos poumons n'y puiſſe rentrer qu'après un long eſpace de temps , & qu'après avoir circulé dans un long tuyau à pluſieurs contours , par le moyen de deux ou de pluſieurs ſoupapes. Cet artifice qui imite parfaitement le cœur & ſes oreillettes , ſes arteres & ſes veines , avec leurs valvules , eſt tel.

A , B , C , D , 1 , 2 , 3 , 4 , 5 , 6 , 7 , 8 , 9 , E , F , G , repréſentent un tuyau de telle longueur que l'on voudra : A eſt le lieu pour mettre la bouche ; B & G ſont deux ſoupapes diſpoſées dans un ſens contraire l'une à l'autre , enſorte que celle qui eſt marquée G , permet à l'air , qui eſt dans la veſſie H & dans le tuyau G , F , E , de ſortir & d'entrer dans les poumons , & empêche qu'il n'y puiſſe rentrer lorſqu'on l'y repouſſe ; mais la ſoupape B donne un libre paſſage à l'air qui ſort des poumons pour entrer dans le tuyau B , C , D , & empêche qu'il ne puiſſe revenir , quoiqu'on faſſe effort pour l'en tirer. H eſt une veſſie capable de recevoir tout l'air que contiennent les poumons.

Par ce moyen, l'air qui sort des poumons, ne se mêle aucunement avec celui qui doit entrer après, & il n'y peut rentrer que lorsque tout l'air, qui est contenu dans ce long tuyau, a passé successivement dans les poumons ; & si on suppose que ce tuyau en contienne pour respirer l'espace d'un quart ou d'un demi-quart d'heure, il s'en suit que la partie d'air, qui est sortie des poumons la premiere fois, n'y rentre qu'un quart ou un demi-quart d'heure après, pendant lequel temps cet air se rafraîchit, se purifie, & les vapeurs les plus grossieres tombent & s'abaissent, ou s'attachent aux parois intérieures du tuyau, de la même maniere que la fumée, dont une chambre est remplie, s'attache aux murs & se dissipe avec le temps.

Il y a cinq ou six ans que je fis faire une machine de fer-blanc semblable à celle-ci *, excepté que les tuyaux étoient proches les uns des autres en forme quarrée, & propre à être mise sur les épaules, que l'on n'a pas représenté ainsi dans cette figure pour éviter la confusion, & que les intelligens pourront facilement imaginer. Ce tuyau, avec tous ses tours & retours, étoit seulement de dix-huit ou vingt pieds de long, & d'un pouce de diamêtre ou environ.

Aussi-tôt que j'eus appliqué à la bouche d'une personne la partie A, j'apperçus avec plaisir la systole & la diastole de la vessie H, pendant vingt-quatre ou vingt-cinq minutes que dura cette expérience ; c'est-à-dire, que la vessie s'abaissoit lorsque les poumons s'enfloient ; & au contraire, lorsque les poumons s'abaissoient, la vessie s'enfloit : ce qui représente parfaitement bien la structure admirable du cœur, sa systole & sa diastole, & celle de ces deux bourses, qu'on nomme ses oreilles,

* Fig. 1.

dont le mouvement est opposé au sien ; lesquelles se désenflent lorsqu'il s'enfle, & au contraire se remplissent lorsqu'il se vuide.

Mais parce que, outre le rafraîchissement du sang, il y a encore (selon ma pensée) des parties nitreuses dans l'air, qui se mêlent avec le sang, & qui contribuent à la formation des esprits ; n'y en ayant qu'une certaine quantité dans l'air de ces tuyaux, je ne les rétablissois par aucun moyen : ainsi elles devoient s'épuiser dans un certain espace de temps, lequel étant écoulé, l'invention devenoit inutile.

« Plusieurs savans ne demeurent pas d'accord
» que l'air se mêle avec le sang dans les poumons ;
» & M. l'abbé Mariotte, de l'académie royale des
» Sciences, dans son second essai de la nature
» de l'air, dit que cela n'est aucunement néces-
» saire, puisqu'il y a de la matiere aërienne dans
» celui qui est dans les veines. Il ajoute qu'on
» pourroit observer, par des expériences faites
» dans la machine du vuide, si le sang des arteres
» donne une plus grande quantité de bulles d'air
» que celui des veines ; car ce n'est pas assez,
» dit-il, que le sang artériel ait une couleur plus
» vive que le sang veinal, pour inférer qu'il a
» pris de l'air en passant par le poumon, puisque
» cet effet pourroit procéder de ce que le sang
» de la veine-cave, passant à travers les petites
» membranes du poumon, s'y raréfie & devient
» plus subtil, de même que les liqueurs qui
» se filtrent en passant à travers quelque corps
» poreux deviennent plus belles & plus transpa-
» rentes ; & que le sang se charge de beaucoup
» d'impuretés en passant par la rate, par les
» boyaux, par les membranes de l'estomach, &c. ».

Le peu de bulles d'air que rend le sang artériel

& le sang veinal, dans la machine du vuide, me fait croire que ce moyen n'est pas si juste pour connoître si l'air s'insinue dans la masse du sang par la respiration, que celui que je propose par cette circulation de l'air dans les poumons d'un homme ; & comme il est impossible de la pousser à bout sans mettre en danger de mort celui dont on se sert , je fis cette autre expérience.

On sait que la flamme d'une chandelle est nourrie & entretenue par l'air qui l'environne ; & que l'enfermant dans un vaisseau, elle n'y peut vivre que très-peu de temps , parce que l'air s'y échauffe bientôt, que la fumée l'étouffe , & que les parties alimentaires de l'air se consument fort promptement : ce qui a tant de rapport à la respiration , que je ne doutois point que si j'enfermois une chandelle dans un vaisseau , & que je fisse circuler l'air de la maniere dont je viens de l'expliquer , je connoîtrois le temps qu'elle y demeureroit allumée , la quantité de parties nitreuses qu'elle consumeroit , & plusieurs autres choses qui m'étoient inconnues.

Fig. II.
Nouvelle machine pour entretenir la flamme dans un lieu enfermé.

Je fis faire , pour cet effet , deux vaisseaux de fer-blanc A , B , d'environ un pied cubique chacun, lesquels avoient communication l'un à l'autre par le moyen des tuyaux C C , D D ; E , est un soufflet sans ventouses & fermé de toutes parts ; F , est une vessie ; G , H , sont deux soupapes, disposées de telle façon que lorsqu'on éleve une des ailes du soufflet, l'air , qui est dans le vaisseau A , ne peut entrer dans ce soufflet, & il n'y a que celui qui est dans la vessie F & dans le vaisseau B, qui le puisse remplir ; & lorsqu'on l'abaisse, l'air ne peut retourner dans la vessie F, & il est obligé d'entrer dans le vaisseau A, où est une lampe marquée I , avec une petite fenêtre de verre pour appercevoir l'effet de cette lumiere enfermée.

Je mis cette lampe allumée dans le vaisseau A , exactement fermé de toutes parts , où je la laissai éteindre d'elle-même sans agiter le soufflet , & elle dura environ trois ou quatre minutes ; je la rallumai ensuite , après avoir fait sortir la fumée qu'elle avoit produite , & ayant agité ce soufflet continuellement , elle dura environ quarante - sept ou quarante-huit minutes.

La vessie F , qui étoit enflée au commencement , s'applatit sur la fin , ce qui étoit une marque que la flamme avoit consumée quelque partie de l'air des vaisseaux A , B.

Je ne doute point qu'en réitérant plusieurs fois cet essai avec exactitude , on ne reconnut beaucoup mieux la consomption de l'air par le feu , que par l'expérience que rapporte un savant Philosophe , dans son livre intitulé : *Ottonis de Guerike experimenta nova Magdeburgica de vacuo spatio* , au 3ᶜ liv. *de propriis experimentis* , chap. 13 , qui porte pour titre : *Experimenta de consumptione aëris per ignem : Omnis aqua* , dit-il , *videbatur in vitrum F , ascendere , & insuper bullas multas sorbere ; quod oculare indicium erat consumpti aëris alicujus in recipiente contenti : ita ut ad minimum decima pars aëris per candelæ flammam consumpta esset , & forsan omnis consumeretur , nisi extinctio tam citò accideret.* Cette expérience , quoiqu'ingénieusement imaginée , n'est pas , à mon avis , convaincante pour faire connoître la consomption de l'air par le feu , en ce que ne durant que trois ou quatre minutes , on peut attribuer cette élévation de l'eau & ces bulles , à la condensation de l'air enfermé dans le récipient.

Cette lampe jettoit une grosse fumée, dont elle remplissoit le vaisseau A & le vaisseau B ; & , pour empêcher qu'elle n'entrât dans celui-ci, je fis faire un tuyau de verre K, L, M, N, O, & je mis un pouce d'eau dans chaque coude en L, M, N, au travers de laquelle cette fumée étoit contrainte de passer & de se purifier. On pourra remplir ce même tuyau de filasse, d'éponge, ou de quelqu'autre matiere qui filtrera si exacte-ment ces parties fuligineuses que cette lampe durera davantage ; mais non pas toujours, comme quelques-uns pourroient s'imaginer & croire que ce seroit la lampe perpétuelle & inextinguible des anciens. Peut-être même qu'en se servant d'esprit-de-vin au lieu d'huile, la lumiere dureroit plus long-temps.

Je remarquai que sur la fin la flamme deve-noit ronde & très - petite , & qu'insensiblement elle s'éteignoit. Le combat que cette flamme fait, pour ainsi dire, afin d'éviter sa destruction , les forces qu'elle reprend lorsqu'on lui donne de nouvel air , & la délicatesse avec laquelle il le faut pousser sur la fin , donnera, sans doute, du plaisir à ceux qui feront cette expérience.

* Fig. I. Lorsque j'appliquai cette premiere machine * à la bouche de la personne dont je me servois, elle n'étoit point sous l'eau. Mais l'air , dont elle étoit environnée , n'ayant aucune communication avec celui qu'elle respiroit , me fit croire que quand elle auroit été entourée d'eau , d'huile , ou de toute autre liqueur, l'effet auroit été à-peu-près semblable ; & qu'ainsi cette invention pou-voit être utile dans les temps de peste ; dans les lieux où l'air est infecté , & où les hommes ne pouvoient aller sans danger de mourir , comme le témoignent les histoires de plusieurs personnes

qui sont mortes de pareils accidens ; qu'elle auroit encore quelque utilité dans les maladies du poumon & dans quelques autres ; & que , par ce moyen , on pourroit faire respirer à un malade un air embaumé , & qui seroit rempli de telles odeurs & de tels esprits que l'on trouveroit propres à sa santé ; qu'elle donneroit lieu de faire des expériences que l'on n'a jamais tentées , comme de purger un homme par ce moyen , de respirer à la glace, & plusieurs autres qu'il n'est pas facile de prévoir sur le champ.

La plus grande de ses utilités, étant de pouvoir demeurer sous l'eau , j'aurois été bien aise d'en faire l'expérience ; & ne la pouvant bien faire sur cette personne , je remis à l'exécuter lorsque j'aurois l'occasion favorable , qui ne s'est pas rencontrée depuis ce temps-là. Il ne sera pas difficile d'en faire l'essai à ceux qui en auront la curiosité, n'y ayant aucun danger , puisqu'un demi-pied d'eau par-dessus la tête suffira pour faire cet essai. Il paroît , ce me semble assez évidemment , qu'il doit réussir pour quelque temps ; mais il n'est pas facile d'en déterminer la durée , avant que d'avoir fait d'autres expériences que celles dont je viens de parler.

Les savans examineront si celles que j'ai faites ont été un fondement assez raisonnable pour croire qu'elles pouvoient fournir un moyen de demeurer sous l'eau plus long-temps & plus commodément qu'on n'a pas fait jusqu'à présent ; & si ce n'est point avec trop de prévention , que l'on s'est persuadé que ce moyen n'aura point les incommodités & les défauts de ceux dont a parlé ci-dessus, & qu'il en aura les avantages.

On ira, ce me semble, de compagnie au fond de la mer , en plus grand nombre & bien mieux *Perfection du navire de Drebel.*

qu'avec le navire de Drebel , lequel on pourroit perfectionner en y ajoutant un soufflet, avec deux soupapes & deux tuyaux qui aboutiroient à la superficie de l'eau , par l'un desquels l'air entreroit continuellement & sortiroit par l'autre.

Il est indubitable que de cette maniere il demeureroit dans ce vaisseau autant d'hommes qu'il en pourroit contenir , non - seulement l'espace de deux heures ou de deux jours , mais des mois & des années entieres , & autant de temps qu'ils auront de quoi vivre , puisqu'il y entrera beaucoup plus d'air qu'il n'en faut pour leur respiration , & pour y entretenir une lampe & un feu mediocre.

Perfection de la cornemuse. La pesanteur de l'eau ne poussera point avec violence la poitrine du plongeur , & il ne respirera pas le même air qui sort de ses poumons, comme il fait avec la cornemuse, que l'on perfectionnera aussi en mettant deux tuyaux & deux soupapes pour faire entrer l'air par l'un & le faire sortir par l'autre.

Ce plongeur ira par - tout où il voudra sans l'aide d'aucun, & il sera beaucoup plus libre que dans la cloche ; il aura , si l'on veut , la tête enfermée dans une maniere de sac fait de ces cuirs impénétrables à l'eau que l'on a inventés depuis quelques années , & dont on a fait l'expérience sur la riviere de Seine, & par le moyen de deux verres, il se servira de ses yeux, peut-être même de sa voix & de ses oreilles, autant que le liquide le pourra permettre ; il aura ses bras & ses jambes libres , & il pourra mettre à chaque pied une machine composée de deux battans qui se fermeront lorsqu'il tirera ses pieds en avant , & qui s'ouvriront lorsqu'il les poussera en arriere: cette machine , qui est faite à l'imitation d'une

patte

patte d'oie , lui donnera une grande force pour avancer.

Afin de faciliter au plongeur les moyens de descendre au fond de l'eau , & de remonter à la superficie en peu de temps , il faudroit lui appliquer , en quelque endroit commode , une seringue qui n'eût aucune ouverture par le bas , dont il tireroit le piston par le moyen d'une vis sans fin ou de quelqu'autre maniere qui multiplie extrêmement la force , parce que la résistance sera fort grande s'il est beaucoup enfoncé dans l'eau. Cette seringue ayant un espace vuide , augmentera son volume en tirant le piston , & fera élever le plongeur à la superficie de l'eau , & laissant retomber ce piston , son volume diminuera , & le poids de ce plongeur l'entraînera au fond , à-peu-près comme dans l'angibatte , où l'on voit le petit homme monter & descendre , selon que l'air est plus ou moins comprimé. Il pourra aussi aller du fond de l'eau à la superficie avec un petit vaisseau rempli d'air condensé , en le laissant retourner en son état naturel dans une vessie.

Moyens pour descendre sous l'eau & pour remonter à la superficie en peu de temps.

Ceux qui auront un peu pensé à la fabrique de cette premiere machine * auront apperçu la nécessité de la vessie H , pour recevoir l'air qui sort des poumons , & pour contre-balancer l'équilibre de la poitrine , laquelle , en s'étendant , doit être pressée en-dedans par l'air qui appuie sur cette vessie ; mais lorsque le plongeur sera enfoncé à trente pieds ou davantage , la colonne de l'eau comprimera cette vessie avec tant de force qu'elle l'applatira , & fera rentrer l'air qu'elle contient dans le tuyau A , B , C , D , &c. , & le rendra par conséquent inutile ; ce que l'on concevra facilement si on imagine un soufflet au bout duquel il y ait une vessie attachée , & qui empêche l'eau d'entrer

* Fig. 1.

D

dans sa capacité ; on n'aura presque point de peine d'élever & d'abaisser les aîles de ce souflet pendant qu'il sera très-peu enfoncé sous l'eau ; mais lorsqu'il le sera beaucoup, l'air de la vessie qui deviendra toute platte, entrera entiérement dans le souflet ; alors il sera presque impossible de l'ouvrir par les raisons que j'ai rapportées & qui sont tirées de l'équilibre des liqueurs de M. Pascal ; & j'ai fait voir si clairement la convenance qu'il y avoit de ce souflet aux poumons du plongeur, qu'on ne peut point douter qu'il n'eût beaucoup de peine à respirer lorsque cette vessie seroit entiérement comprimée ; c'est pourquoi j'ai cru que l'on pourroit ajouter le vaisseau I, dans lequel l'air auroit été condensé avec beaucoup de force, que le plongeur laissera entrer petit-à-petit dans le tuyau A, B, C, D, &c. & dans la vessie H, à mesure qu'il descendra sous l'eau, en ouvrant le robinet K qui passera entre ses jambes. Si la vessie étoit fort grande ou qu'il y en eût plusieurs, ou que les tuyaux fussent de cuir mollet ou d'une autre matiere molle & flexible, il ne seroit pas besoin de ce vaisseau, parce que l'air qu'il contiendroit seroit également pressé dans toutes ses parties. Ceux qui feront ces expériences, examineront laquelle sera la plus commode, & ils trouveront aisément les remedes aux inconvéniens qu'ils rencontreront dans la pratique. Les grandes découvertes & les plus belles inventions n'ont point été trouvées parfaites, & elles ne se perfectionnent qu'avec le temps : *Omne principium rude & imperfectum, sed per additamenta artis, tractu temporis res perficiuntur.* Seneca.

Si jamais l'art a imité la nature, c'est dans cette invention ; & ce moyen de faire circuler l'air est si simple & si facile, que je ne doute point qu'il ne soit venu dans l'esprit de plusieurs. Sans doute que

c'étoit le même secret qu'avoit celui dont parle le
P. Mersenne, lequel demeuroit plus de six heures au
fond de la mer, s'y promenoit facilement, en retiroit
les navires, & y faisoit ce qu'il vouloit ; il y portoit même de la chandelle dans une lanterne de
médiocre grandeur. Et ce qu'il y a, dit-il, de plus
admirable, c'est qu'il ne se servoit au plus que
d'un ou deux pieds cubiques d'air. Voici ses propres
termes :

Mitto cætera, ut moneam egregium urinatorem
Joannem Barricæum ex urbe Pertusio, tribus leucis
ab aquis-sextiis distante, oriundum, artem invenisse,
quá facilè in fundo quolibet maris per sex aut plures
horas respirare, ambulare, naves immersas extrahere,
& quidpiam aliud præstare valeat ; quibus laternam
candelæ lumen quandiu libuerit, conservantem addit,
quæ diversis usibus adhibeatur, verbi gratiá, pisca-
tioni quorumlibet piscium. Quodque mireris pluri-
mùm, ubi noveris, ne quidem decem pedes cubicos
aëris ad respirationem cæteris urinatoribus ad dimi-
diàm horam sufficere, ille uno duntaxat vel altero pede
cubico ad sex horarum respirationem, utitur ; & la-
ternâ vulgarium magnitudinem vix superante, ad
flammam sub aquis perpetuò conservandam.

Il y a tant de rapport de toutes ces circonstances
à l'invention que je propose, que je ne doute
point que ce ne soit la même, que cet homme aura
mieux aimé laisser périr & mourir avec lui que de
la publier sans profit & sans récompense.

Il y a des secrets que celui qui les invente peut
faire voir & en cacher néanmoins l'artifice ; mais il
y en a d'autres qu'il ne peut découvrir sans faire
connoître en un moment ce qu'il aura été plusieurs
années à méditer, & aussi-tôt qu'il les a publiés, il
n'en est plus le maître, & il ne peut obliger ceux
qui s'en servent de le récompenser. Souvent même

D 2

on lui dénie la gloire qu'il mérite, comme l'a très-bien remarqué M. Pascal dans quelqu'une de ses pensées.

« Ceux qui sont capables d'inventer sont rares ; » ceux qui n'inventent point sont en plus grand » nombre, & par conséquent les plus forts ; & l'on » voit que, pour l'ordinaire, ils refusent aux inven- » teurs la gloire qu'ils méritent & qu'ils cherchent » par leurs inventions ; s'ils s'obstinent à en vouloir » avoir, & à traiter de mépris ceux qui n'inventent » pas, tout ce qu'ils y gagnent c'est qu'on leur » donne des noms ridicules, & qu'on les traite » de visionnaires ».

C'est la raison pour quoi ceux qui inventent, se voyant si mal récompensés, laissent malheureusement perdre leurs inventions dont le public souffre un notable préjudice (a). Le secret de ce plongeur & mille autres belles découvertes sont apparemment péries de cette maniere ; & on a lieu de s'étonner comment toutes les belles inventions que nous voyons présentement en usage, ne se font pas perdues de même ; nous ne les devons sans doute qu'au hasard.

Note de l'éditeur. (a) M. de Hautefeuille étoit justement dans le cas dont il se plaint ici : la plupart de ses inventions lui avoient été contestées par les uns, ou attribuées à d'autres par les journalistes. Et ce fut sur-tout depuis le procès qu'il eut avec M. Huighens de l'Académie Royale des sciences, au sujet de l'invention des pendules portatives, qu'il fut à l'avenir fort discret à communiquer ses autres découvertes, & particuliérement celle de son acoustique, ainsi qu'on le verra dans *l'extrait de la balance magnétique*, & principalement *dans sa lettre à M. Bourdelot*. Outre l'intérêt particulier de se conserver la gloire d'une si précieuse & si utile découverte, il pouvoit vraisemblablement avoir encore en vue celui d'une fortune honnête. Le gouvernement n'a point pourvu à ce que l'un & l'autre lui fussent assurés ; M. de Hautefeuille est mort en attendant que ses espérances fussent remplies ; & ainsi il a laissé périr cette invention avec lui ; perte de laquelle, peut-être plus que de toute autre, il n'est que trop vrai de dire que le public souffre un notable préjudice.

Le secret que Drebel prétendoit avoir pour for-
tifier les matelots de son vaisseau , & pour en rendre
l'air toujours propre à la respiration , n'étoit assu-
rément autre chose que ce souflet dont j'ai fait
mention ; & lorsqu'il a dit que c'étoit par le moyen
d'une essence cardiaque qui s'évaporoit dans l'air ,
& qui y rétablissoit les parties nitreuses qui s'étoient
consumées par la respiration , ce n'a été, à mon
avis, qu'une adresse pour déguiser l'invention , &
pour empêcher qu'on ne la découvrît. *Pcklinus* ,
dans son traité *de aëris alimenti defectu & vitâ sub
aquis* , croit que c'étoit par le moyen d'une certaine
quantité d'essence de sel volatil oléagineux, qui.
comme un ferment, purifioit cet air enfermé ; voici
ses paroles : *Propterea in machinâ Drebellianâ ac-
cidisse conjicio quod ad singulas effeti aëris expira-
tiones in idoneum & camaratum cavum (nam &
instrumenti hujus mechanicam fuisse rationem necesse
est) non nihil essentificati salis volatilis oleosi in-
fluxerit , quo statim, velut fermento , partes aliæ
aëris defecatæ & posteà secretæ sint ; aliæ quoque
magis tenuatæ & vividiore aurâ vel potestate elasticâ
donatæ , ut sic denuò receptæ in sanguinem rarefa-
cere potuerint. In eo autem situm fuisse sophisma
existimo , quod tantum duntaxat istius salis influeret
in cavum , quantum ad debitam & naturæ singu-
lorum respondentem rarefactionem , erat necessarium.*

M. de Monconis parle en cette maniere des expériences de Drebel : « Il avoit bien le secret de con-
» server l'air dans sa pureté , & le rendre toujours
» propre à la respiration ; ainsi ayant le secret ou
» la façon de descendre dans une machine faite
» en cloche dans le fond de l'eau , il y demeuroit
» après, si long-temps qu'il vouloit ; ce qu'on ne
» sauroit faire sans savoir son secret, parce que
» d'abord l'air s'échauffe & se grossit, ou plutôt ,

» selon son opinion, il se consomme ; car il croyoit
» qu'il y avoit une certaine quintessence dans l'air,
» laquelle seule nous respirons & qui entretient la
» vie, & qui, venant à manquer, il faut mourir, **ce**
» qui arriveroit si l'on demeuroit long-temps dans
» un air enfermé ; à quoi il remédioit par une
» quintessence qu'il faisoit, qu'il nommoit *quin-*
» *tessence de l'air* ; de laquelle ayant répandu une
» goutte dans l'air, on respiroit avec un plaisir &
» une facilité aussi grande que si l'on eût été dans
» une belle colline. Il avoit fait aussi un vaisseau qui
» se plongeoit dans l'eau quand on vouloit, & par
» le moyen des rames qu'il y avoit attachées par
» dehors, avec des manches aussi qu'on vestissoit
» pour manier ces rames, il alloit entre deux eaux ;
» mais il ne pouvoit pas descendre plus bas que
» douze ou quinze pieds ; autrement la pesanteur
» de l'eau l'eût empêché de remonter, & il se fût
» noyé. Tous ces secrets sont perdus par sa mort,
» & il n'est resté au docteur Keiffer son gendre,
» que les suivans, &c. »

Quoique je sois dans le sentiment qu'il ne peut y
avoir aucune quintessence de l'air, ni aucune subs-
tance cardiaque, ni aucune essence de sel volatil
oléagineux, qui puisse rendre l'air, qui est sorti des
poumons, propre à la respiration ; & qu'il se réta-
blit de lui-même, après quelque temps, comme
l'expérience me l'a en quelque façon fait connoître,
je n'empêche pas que l'on ne croie ce que l'on
voudra, & que les chymistes ne cherchent ces sortes
d'essences. J'aurai de la joie de voir perfectionner
les ouvertures que je donne, qui produiront, peut-
être, de nouvelles lumieres dans la physique, &
de nouvelles connoissances sur la nature de l'air &
du feu, & sur celle de la respiration.

J'aurois pu étendre davantage cet écrit, & rap-

porter plusieurs autres choses concernant la respiration, les moyens d'aller sous l'eau, la flamme
enfermée dans les vaisseaux & les lampes inex-
tinguibles des anciens; mais cela auroit très-peu
contribué à la perfection de ce petit traité, à la
nouvelle invention que j'y décris, qui dépend
beaucoup plus de l'expérience que de la démons-
tration: il me suffit de m'être acquitté de la promesse que j'en ai faite dans quelques écrits que j'ai
ci-devant publiés.

J'aiouterai seulement, par occasion, que j'avois
commencé à travailler à un petit traité du son, dans
lequel j'expliquois sa nature, sa propagation, sa
réflexion, & plusieurs choses qui appartiennent à
cette matiere. Mais le savant traité du Bruit, qui
vient de paroître dans le second tome des Essais de
Physique de M. Perrault, de l'Académie Royale des
sciences, rempli de remarques & d'expériences très-
curieuses & d'une description très-exacte de l'organe
de l'ouie, surpasse tout ce que j'en pourrois écrire.

Je me suis souvent étonné comment on avoit si
fort négligé les sons & le sens de l'ouie, vu la perfection que l'on a donnée à celui de la vue, & les
belles découvertes que l'on a faites sur la lumiere. Je
crus d'abord qu'il étoit impossible de perfectionner
ce sens: mais ayant médité quelque temps sur ce
sujet, je n'apperçus aucune raison qui empêchât que
l'on ne pût perfectionner l'ouie aussi bien que la vue,
puisqu'il ne s'agit que de rendre sensible ce qui ne
l'est pas, ou ce qui ne l'est que très-peu; & que les
sons très-foibles ou insensibles à notre organe, ne
laissent pas que d'être sons & de se faire entendre à
des animaux qui ont l'ouie plus subtile.

*Discours
sur la possi-
bilité & les
moyens de
perfection-
ner l'ouie.*

On a rendu les choses sensibles à la vue par le
moyen des verres taillés; & par la différente capacité des tuyaux, comme dans le thermometre, ou

dans le niveau que j'ai publié, composé de mercure & d'huile de tartre, & par plusieurs autres moyens; Pourquoi seroit-il impossible de trouver cette sensibilité dans le sens de l'ouie ? ne l'a-t-on pas déja trouvée dans la trompette parlante, puisqu'elle n'est qu'un moyen de rendre la voix sensible à une grande distance, où on ne la pouvoit entendre ? Il est vrai que ce moyen n'est pas celui que nous cherchons, parce que nous voulons entendre & n'être pas entendus, comme nous voyons avec les lunettes d'approche & que nous ne sommes pas vus.

Insuffisance des cornets ordinaires dont les sourds se servent.

Les anciens ont imaginé les cornets dont la plupart des sourds se servent; & les modernes ont cru qu'en donnant à ces cornets une figure parabolique, hyperbolique, elliptique, ou quelqu'autre semblable qui réunît les rayons de la lumiere en un point, ils réuniroient pareillement le son en un point au fond de l'oreille, & rendroient par conséquent la sensation plus forte; mais ils se sont trompés & en plusieurs rencontres où ils ont fait un parallele du

Les formes géométriques ne les rendent pas plus utiles pour la perfection de l'ouie.

son & de la lumiere : ces cornets, de quelque figure qu'ils soient, ne produisent point d'autre effet que celui des batardeaux dont on se sert aux moulins à eau, pour en faire tomber une plus grande quantité sur la roue qui n'iroit pas plus vîte, quoique ces batardeaux eussent la figure d'hyperbole, de parabole, ou d'ellipse.

Nouvel instrument acoustique.

J'ai imaginé un autre instrument, en qui la figure & la réflexion n'ont aucun lieu, afin de rendre sensibles les plus petits bruits, *lequel est fondé sur le même principe que celui dont je me suis servi pour l'explication de l'effet des trompettes parlantes, & sur l'organe de certains animaux.* Mais comme le raisonnement n'est rien sans l'expérience, j'ai fait faire cette machine, & lorsque je l'applique à mon oreille, j'entends des bruits très - grands & très-

confus ; si quelques personnes marchent dans la
rue, elles me paroissent exciter autant de bruit
qu'une armée entiere ; le froissement de leurs souliers sur le pavé ressemble au raclement violent
que l'on fait sur les pierres, ou à une meule qui
écraseroit des cailloux ; les voix me paroissent comme
si elles étoient produites par des trompettes parlantes,
mais dans une telle confusion que je n'en puis distinguer aucune, ce qui me fait craindre que cette invention ne soit inutile à cause de la destruction des
sons les uns des autres, comme on l'expérimente tous
les jours dans les compagnies, où on ne peut entendre sept ou huit personnes qui parlent en même
temps, & on ne les entendroit pas mieux, quoiqu'ils
prissent chacun une trompette parlante qui augmenteroit huit ou dix fois la force de leur voix : il n'en
est pas de même de la lumiere & du grand jour
qui empêche à la vérité l'effet de la vue ; mais on
le peut ôter & on l'ôte en effet par plusieurs
moyens (*a*).

Quelques expériences que j'ai encore à faire sur
ce sujet, m'empêchent de déclarer la construction de
cet instrument ; joint que n'étant pas encore dans sa
perfection, il seroit fâcheux de publier une invention dont un autre remportât la gloire, en y ajoutant ou même en la perfectionnant. Car je compare

---

(*a*) La crainte que témoigne ici M. l'abbé de Hautefeuille,
que son instrument acoustique ne soit inutile pour les raisons
qu'il allegue, ne doit point arrêter les savans de méditer sur
la construction. Cette invention une fois retrouvée dans le
même état où elle avoit paru d'abord, il seroit ensuite possible de la perfectionner & de remédier à l'inconvénient dont
son auteur se plaint. D'ailleurs ce physicien s'étoit concerté
seul, n'ayant jamais voulu laisser voir sa machine : Que sera-ce
du concours des lumieres & des observations réunies de plusieurs savans ?

celle-ci dans l'état où elle est, à l'effet des verres convexes & concaves, qui eût été peu de chose sans cette heureuse disposition, qui en a été faite dans ce siecle, par la combinaison de ces verres aux extrémités d'un tuyau, qui n'eût pourtant jamais été trouvée sans cette premiere découverte de l'effet de la figure de ces verres: *Plurimùm ad inveniendum contulit, qui speravit posse reperiri.* Seneca: lib. 6. question. natural.

J'ai fait plusieurs remarques considérables avec cet instrument, que je mettrai dans cet écrit dans lequel je parlerai d'un phénomene qui, quoique très-simple & trivial, explique clairement & fait appercevoir à l'œil tout ce qui appartient au son; de la même maniere que les vibrations des pendules font connoître les vibrations invisibles des cordes qui sont tendues sur les instrumens.

Ce phénomene n'est autre que l'agitation que l'on donne avec la main aux longues cordes qui pendent du haut des bâtimens élevés; laquelle produit des serpentemens & des ondulations qui ont beaucoup de rapport à celles qui se font dans l'air par les corps frappés qui excitent du bruit, & qui expliquent beaucoup mieux, à mon sens, la propagation du son, sa réflexion, &c. que les cercles qui se font sur la surface de l'eau.

Ceux qui feront cette expérience, appercevront visiblement que les ondulations ou les serpentemens, après avoir couru tout le long de la corde & être parvenus au haut, reviennent sur leurs pas, ce qui explique l'écho & les réflexions du bruit; & lorsque l'on agite deux cordes égales, en même temps & avec la même force, elles représentent l'unisson: si les serpentemens ou les ondulations de l'une sont plus grandes & plus lentes que celles de l'autre. ce font les diverses consonances; & les grandes ont

rapport aux tons graves & les petites aux tons aigus.
Enfin il n'arrive rien aux sons, qui n'aie quelque
analogie avec ces serpentemens ou ces ondulations,
ainsi que je le ferai voir dans cet écrit, dans lequel
je répondrai aux objections que M. Perrault fait
contre l'explication que j'ai donnée de l'effet des
trompettes parlantes, *fondé sur ce fameux principe
de l'équilibre des liqueurs de M. Pascal*, qui est un
des plus beaux & des plus grands principes qui soit
dans la nature, sans lequel il est impossible d'expliquer la propagation du son, le tremblement des
vîtres, des planchers & des murs des maisons, &
mille autres effets semblables.

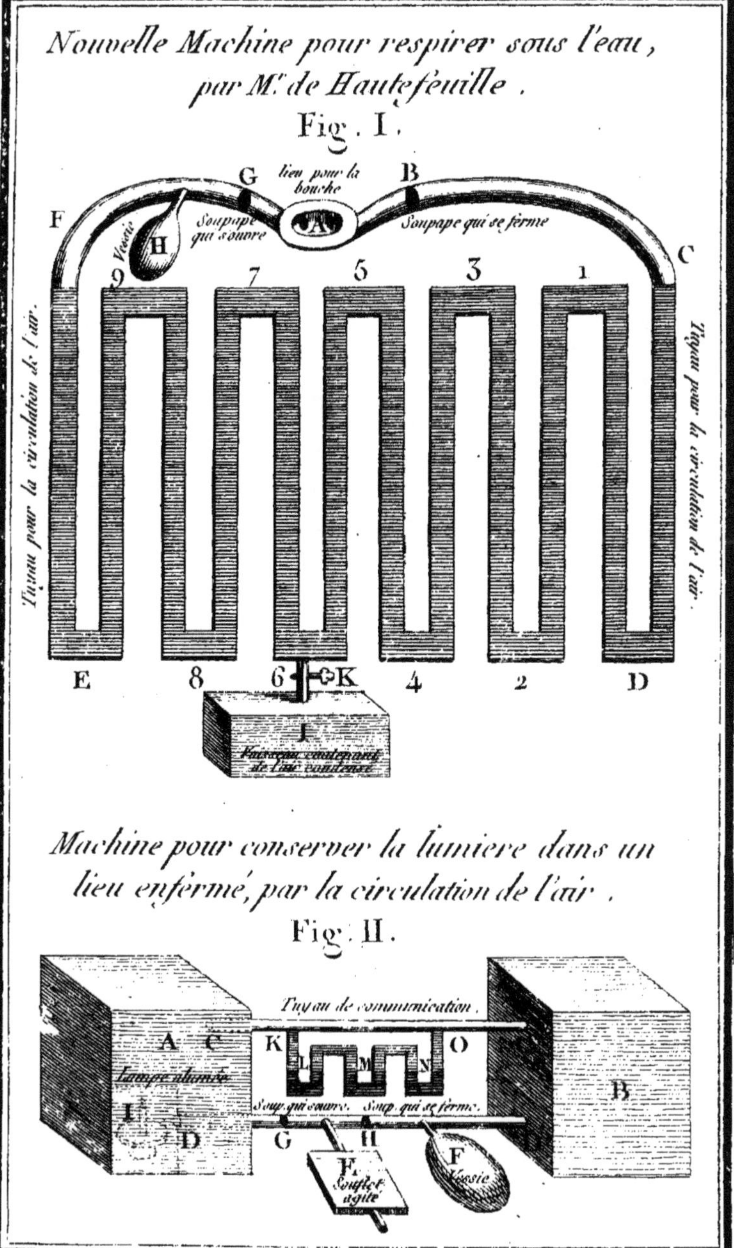
Nouvelle Machine pour respirer sous l'eau,
par Mr. de Hautefeuille.
Fig. I.
lieu pour la bouche
G
B
F
Soupape qui s'ouvre
Soupape qui se ferme
C
Vessie
H
A
9
7
5
3
1
Tuyau pour la circulation de l'air.
Tuyau pour la circulation de l'air.
E
8
6
K
4
2
D
J
Faisceau contenant de l'air condensé
Machine pour conserver la lumiere dans un
lieu enfermé, par la circulation de l'air.
Fig. II.
Tuyau de communication
A
C
K
L
M
N
O
B
Lampe allumée
Soup. qui s'ouvre.
Soup. qui se ferme.
I
D
G
H
E.
Soufflet agité
F.
Vessie

EXTRAIT

De l'ouvrage de M. de Hautefeuille, qui a
pour titre : BALANCE MAGNETIQUE, &c.
in-4°. Paris, 1701.

EXTRAIT

De l'ouvrage de M. de Hautefeuille, qui a pour titre: BALANCE MAGNÉTIQUE, &c. *in-4º.* Paris, 1702.

Voici, relativement à son Inftrument Acouftique, tout ce qu'on y lit, page 6 & fuivantes:

MON Deffein étoit de mettre ici le moyen que j'ai penfé pour perfectionner le fens de l'ouie, que M. Perrault m'a preffé fortement plufieurs fois de lui communiquer ; mais je différerai encore quelque temps à le publier. Ce favant homme avoit beaucoup travaillé fur cette matiere, & la poffédoit à fonds, ainfi qu'il paroît par fon Traité du Bruit. Le petit difcours que j'ai publié en 1680, à la fin de *l'art de refpirer fous l'eau*, & qui a été mis dans le Mercure Galant du mois d'août dernier (*a*), lui avoit extrêmement plû. Il avoit admiré quelques propriétés que je lui avois dites de cet acouftique, de même que celle de pou-

---

(*a*) Du mois d'août 1702.

voir entendre le bruit que fait une mouche en marchant.

Il m'avoit écrit sur ce sujet en 1680, lorsque j'étois à Orléans, & M. l'abbé de Lanion, alors de l'Académie Royale des sciences, étant venu dans cette ville, me preſſa encore de ſa part de lui communiquer cette invention. Il pria même monſeigneur l'évêque d'Orléans, aujourd'hui monſeigneur le cardinal de Coiſlin, & madame la ducheſſe de Bouillon, qui y étoit en ce temps-là, de m'engager à lui donner cette ſatisfaction, ce qu'ils firent l'un & l'autre. Mais je m'en excuſai, ſur ce que cette découverte n'étant point dans ſon entiere perfection, ſi l'on venoit à y ajouter quelque petite choſe, ou même à la perfectionner conſidérablement, je ne manquerois jamais d'avoir un différend ſemblable à celui qu'ils ſavoient m'être arrivé avec M. Huighens de l'Académie Royale des ſciences, à l'occaſion des pendules portatives; & en ne communiquant point mes idées, ſi quelqu'un venoit à en avoir d'approchantes ou de plus parfaites, je n'aurois ni conteſtation ni aucun ſujet de me plaindre : & ces illuſtres perſonnes approuverent mes raiſons.

L'Hiſtoire de la ſociété royale de Londres, à la ſection 36, qui a pour titre : *Des Inſtrumens qu'ils ont inventés*, cite en ces termes, *Diverſes ſortes d'Otocouſticons ou Inſtrumens pour avantager le ſens de l'Ouie.* Mais les ſavans qui compoſent cette célebre

Académie

Académie n'en ayant donné , que je fache , aucune
explication dans leurs tranfactions philofophiques
ni ailleurs , célui que j'ai inventé eft vraifemblablement autre chofe.

Cet acouftique me paroît d'une très-grande con-
féquènce , foit pour le foulagement des fourds , foit
pour faire entendre des fons imperceptibles à ceux
qui ont l'ouie fort bonne. Je ferai voir , par une par-
faite analogie avec la maniere dont le fens de la vue
a été perfectionné , que la fabrique de cet inftrument
eft le véritable & le feul chemin pour parvenir à
donner au fens de l'ouie toute la perfection dont il
eft capable. On fait que la nature a des bornes au-
delà defquelles il eft impoffible à tous les hommes
de pénétrer.

Cette invention eft très-fimple & fondée feulement fur la conftruction de l'oreille de certains animaux qui ont l'ouie fort fubtile. Si M. Perrault & tant
d'autres favans , qui ont beaucoup plus d'efprit & de
connoiffances que moi , ne l'ont point trouvée , c'eft
qu'ils n'y ont pas fait de réflexion , comme il eft
arrivé à une infinité d'inventions très-fimples , qui
font demeurées jufqu'à prefent inconnues à tous les
hommes , cachées dans leurs principes & dans la
majefté de la nature , pour me fervir de l'expreffion
de Pline ; mais qui fe développeront dans la fuite des
fiecles , ou plutôt ou plus tard , felon la maniere dont
les favans & les curieux s'appliqueront à examiner

E

& à imiter la nature ; ou fuivant qu'il fe trouvera des
Mécénas intelligens, fans prévention , capables par
eux-mêmes de connoître les génies propres pour
perfectionner les fciences & les arts, & qui, fans
attendre qu'ils en foient follicités , leur procureront
le loifir & les moyens de faire leurs expériences.

LETTRE N°. 11. de la liste.

DE M. DE HAUTEFEUILLE

A M. BOURDELOT,

Premier Médecin de Madame la Duchesse de Bourgogne, sur le moyen de perfectionner l'ouïe;

Avec deux Lettres de Monsieur Perrault, de l'Académie Royale des Sciences, sur le même sujet.

Réimprimée sur l'Édition in-4°. faite à Paris en 1702.

LETTRE

D E

M. DE HAUTEFEUILLE

A

M. BOURDELOT.

MONSIEUR,

Voilà les deux lettres de M. Perrault que vous me demandez. La premiere a été écrite à l'occasion du petit difcours *(a)* que j'ai mis à la fin de l'art de refpirer fous l'eau, que je lui avois envoyé. La feconde eft une réponfe à celle que je lui avois faite à fa premiere.

« MONSIEUR,

» Je ne trouve rien à corriger à l'écrit *(b)* que vous
» m'avez communiqué, fi ce n'eft que vous parlez
» un peu trop avantageufement de mon livre. J'au-
» rois néanmoins fouhaité de favoir quelle liaifon
» cet écrit, qui eft pour aider à l'ouïe, peut avoir
» avec celui de l'art de refpirer fous l'eau ».
« Je voudrois encore que vous apportaffiez d'autres
» raifons de ne point donner au public la defcrip-

Premiere
lettre de M.
Perrault à
M. de Hau-
tefeuille.

(a) Sur la poffibilité & les moyens de perfectionner l'ouïe.
(b) L'art de refpirer fous l'eau.

» tion de l'inftrument que vous avez inventé pour
» perfectionner l'ouie, que celle de la crainte qu'on
» ne vous dérobe cette invention; puifqu'il n'y a point
» de moyen plus fûr de l'empêcher, que de publier
» que vous en êtes l'inventeur, en difant en quoi il
» confifte, parce qu'en ne le difant pas, on pour-
» roit croire que c'eft vous-même qui voulez dé-
» rober cette invention à ceux qui la trouveront,
» en publiant feulement que vous l'avez déja trouvée.
» Je vous dirai encore que les particularités que vous
» rapportez des effets de votre machine, pourroient
» bien, peut-être, donner lieu à deviner quelle elle
» eft; ou du moins à croire que ce n'eft rien autre
» que ce qui a été déja trouvé, il y a long-temps,
» qui eft de faire entendre de fort loin les bruits qui
» caufent quelque ébranlement à la terre, l'inftru-
» ment faifant cet effet, ou parce qu'il entre dans
» la terre, ainfi qu'on fait en y fichant une épée, ou
» parce qu'il eft tendu & capable de frémir aifé-
» ment, ainfi qu'on en ufe en approchant l'oreille
» d'un tambour pofé fur terre. Car fi votre machine
» agit par un autre principe & qu'elle puiffe aug-
» menter la fenfation des bruits qui ne caufent point
» de frémiffement à la terre, mais qui, felon mes
" principes, n'émeuvent que les particules de la fur-
» face des corps contre lefquels il fe fait réflexion,
» vous avez trouvé une chofe affez belle & affez
» confidérable pour ne pas différer davantage à la
» publier en l'état qu'elle eft. Je fuis,

 » MONSIEUR,

    » Votre très-humble & très-
    » obéiffant ferviteur,
     PERRAULT».

» *A Paris, ce 18 juin 1680* ».

« MONSIEUR,

Seconde lettre de M. Perrault à M. de Hautefeuille.

» Ce n'eft pas fans raifon que vous êtes rebuté,
» de ce qu'étant capable autant que vous l'êtes de
» produire quelque chofe d'excellent dans les arts,
» vous n'y ayez point encore l'emploi que vous vous
» êtes propofé. Mais quelque jufte que foit votre in-
» dignation & votre impatience, elle ne doit point
» vous porter à la réfolution que vous témoignez
» d'avoir de renoncer à la phyfique. Je pourrois
» vous dire beaucoup de chofes pour vous en em-
» pêcher ; mais, fans vous alléguer ni l'intérêt du
» public, ni celui des fciences, je vous puis dire
» que votre inclination s'y oppofe affez, & que la
» colere qui vous fait parler eft comme un dépit
» amoureux qui ne produit qu'une froideur appa-
» rente entre les amans. La phyfique que vous
» aimez, vous a fait trop de faveurs pour lui faire
» l'infidélité dont vous la menacez.

« Pour répondre aux autres articles de votre
» letre, je vous dirai :

« 1°. Que je n'ai point compris qu'il fût néceffaire
» d'être couché par terre pour fe fervir d'une ma-
» chine, dont j'explique feulement le principe en
» général par l'exemple de l'épée & du tambour
» dont je vous ai parlé ; car je pouvois ajouter celui
» d'un corps réfonnant pendu par des rubans que
» l'on joint aux oreilles pour augmenter le bruit que
» ce corps réfonnant excite étant frappé. Ces exem-
» ples n'étant que pour faire concevoir, comment
» une machine appuyée fur la terre ou contre un
» mur, peut (en rendant fenfibles les frémiffemens
» que certains bruits caufent à la terre, & à ce qui
» y eft appuyé) rendre auffi plus fenfibles les bruits
» caufés par ces frémiffemens.

« 2°. Que les phénomenes de votre machine,
» ainfi que vous me les avez expliqués, m'ont fait
» avoir cette penfée, parce qu'ils fe réduifent à
» l'augmentation du bruit du marcher & du froiffe-
» ment des particules de la terre & du fable, caufé
» par les pieds de ceux qui paffent.

« 3°. Que le frémiffement dont j'entends parler
» n'eft point une chofe que je croie fe rencontrer
» dans toutes les efpeces de bruit, mais feulement
» dans ceux qui font caufés par l'ébranlement de
» toutes les parties des corps qui font du bruit, ainfi
» qu'il arrive dans ceux qui réfonnent comme des
» timbres ; & non dans ceux qui font caufés par
» l'ébranlement des feules particules, ainfi qu'il
» arrive dans tous les bruits que j'appelle de ver-
» bération, tels que font ceux de la voix, des
» flûtes, &c.

« 4°. Que, bien que le bruit des cloches, foit un
» bruit caufé par le frémiffement de toutes les
» parties de la cloche, il pourroit n'être pas rendu
» fenfible par une machine qui augmente & com-
» munique à l'oreille le frémiffement, par la raifon
» que fi le froiffement qui fe fait par les pieds fur
» le pavé, peut caufer un frémiffement à la terre,
» il ne s'enfuit pas que le frémiffement des cloches
» le faffe, les cloches ne pouvant fonner fi elles
» ne font pendues de telle maniere que leur frémif-
» fement ne puiffe fe communiquer à aucun autre
» corps qu'à l'air : & en effet fi-tôt que quelque
» chofe touche à une cloche par les endroits où elle
» frémit, elle ceffe de fonner, l'endroit paroù
» elle eft pendue n'ayant que peu ou point de
» frémiffement.

» 5°. Que fi une cloche ne fait point frémir une corde,
» quoique, d'accord avec elle, cela arrive par le dé-

» faut de reſſemblance qui ne ſe trouve entre ces
» deux inſtrumens que dans le ton.

« 6°. Que, pour bien faire l'expérience dont vous
» parlez ſur ce ſujet, il faudroit la faire ſur deux
» timbres à l'uniſſon ; & je crois qu'elle réuſſiroit,
» ainſi qu'elle fait dans deux verres, lorſqu'étant à
» demi pleins d'eau, il arrive que celui qu'on fait
» ſonner en le frottant ſur le bord, cauſe un
» frémiſſement à l'autre quand il lui eſt accordé
» à l'uniſſon.

» 7°. Que ce que je vous ai écrit des penſées que j'ai
» de votre machine, n'eſt point, ni pour la vouloir
» deviner, ni pour vous perſuader de déclarer en
» quoi elle conſiſte; mais ſeulement pour vous ex-
» pliquer la penſée que j'ai que ſi elle eſt fondée ſur
» un autre principe que ſur celui du frémiſſement
» cauſé par la contiguité des corps, & que ce ſoit,
» par exemple, par la réunion de ce que les objets
» du bruit répandent dans l'air, de même que les
» lunettes font leur effet par la réunion de ce que
» les objets de la vue répandent dans le milieu de
» la vue, ainſi que je l'ai expliqué au chap. IV. de
» la premiere partie de la mécanique des animaux,
» votre invention, même en l'état où elle eſt, eſt
» une des belles choſes qui aient été produites dans
» notre fiecle. Je ſuis,

 » MONSIEUR,

    » Votre très-humble & très-
    » obéiſſant ſerviteur,
     PERRAULT ».

« *A Paris ce 25 juin 1680.*

Vous voyez, Monſieur, l'eſtime que **M. Perrault**
fait de cette invention, & j'oſe vous aſſurer qu'elle

eſt telle qu'il la demande ; c'eſt-à-dire, qu'elle eſt fondée non point ſur le frémiſſement cauſé par la contiguité des corps, mais ſur la réunion de ce que les objets qui cauſent le ſon répandent dans l'air, de la même maniere que les lunettes d'approche font leur effet par la réunion de ce que les objets lumineux répandent dans le milieu de la vue.

Lorſque les lunettes ont été trouvées elles étoient très-imparfaites, & vraiſemblablement leur inventeur n'a jamais penſé qu'elles viendroient à la perfection où elles ſont aujourd'hui. Je vois clairement que mon acouſtique peut être perfectionné ; & quoiqu'il me ſoit impoſſible de juger à quel point il le fera, je ſais qu'il ne peut jamais arriver à la perfection des lunettes d'approche, non point par le défaut de l'art, mais par l'oppoſition de la nature, & à cauſe de la différence des milieux dans leſquels ſe font la lumiere & le bruit : de la même maniere que ſi l'air étoit naturellement rempli d'une certaine quantité de vapeurs & d'exhalaiſons, quelque excellentes que fuſſent les lunettes, elles ne feroient point voir les objets que d'un très-petit éloignement.

La viſion ſe fait par le mouvement d'une matiere ſubtile, & l'ouie eſt produite par le mouvement des particules de l'air : il doit donc y avoir la même proportion entre la diſtance où ſe fait la ſenſation, & celle qui ſe trouve entre la rareté & la denſité de ces deux liquides ; parce que le même degré de mouvement imprimé à l'un & à l'autre doit aller plus vîte & continuer plus loin dans la matiere ſubtile, & il doit au contraire ſe ralentir & ceſſer piutôt dans l'air.

Je ne ſais point quelle eſt la proportion de l'air & de la matiere ſubtile, ni ſi quelque philoſophe a fait aſſez d'expériences pour la déterminer ; mais on ne peut douter que la rareté & la facilité à être

ébranlée, ne foit beaucoup plus grande dans la matiere fubtile que dans l'air dont les parties peu flexibles
s'oppofent au mouvement; & on peut, par la différence qui eft entre ces deux milieux, conclure certai-
nement qu'il doit y en avoir une femblable entre
l'effet d'une lunette d'approche & celui d'un acouftique, quelque parfait qu'on le puiffe fuppofer.

Les ignorans & les petits efprits ne vont pas moins
qu'à fouhaiter dans un acouftique, une perfection
auffi grande que celle des lunettes d'approche; mais
les véritables philofophes n'y demandent préfen-
tement qu'une augmentation du bruit, produite par
la réunion de ce que les objets qui le caufent répandent dans le milieu de l'ouie, & qui foit différente de
celle qui fe fait par le moyen des cornets, qui n'eft
point une réunion, quoique des favans modernes
aient prétendu qu'en faifant ces cornets de figure
parabolique, hyperbolique ou elliptique, ils feroient
capables de réunir le fon dans un point; ce qui eft
abfolument faux, par la raifon que j'ai apportée
dans le petit difcours (*a*) que j'ai mis à la fin de l'art
de refpirer fous l'eau, & par quelques autres que
j'expliquerai lorfque je publierai cette invention.

J'ai connu, par les expériences que j'en ai faites,
que certains bruits font fort augmentés, & qu'on les
entend affez loin au-delà du lieu où ils ceffent d'être
entendus. Mais cet inftrument étant groffiérement
exécuté, & faifant feul ces expériences, je n'ai pu
connoître précifément quelle en eft la plus grande
diftance: elle ne va, autant que j'en ai pu juger,
qu'au double; c'eft-à-dire, que fi le bruit ceffoit
d'être entendu à quarante pas à l'oreille fimple, on

(*a*) Sur la poffibilité & les moyens de perfectionner l'ouie,
voy. pag. 56.

l'entendroit encore diftinctement à quatre-vingt pas.

Vous direz fans doute, Monfieur, que c'eft bien peu de chofe, & vous avez raifon ; mais les philofophes pourront, peut-être, étendre un jour plus loin la fphere d'activité de cet inftrument. J'ai penfé un moyen de lui faire faire quatre fois plus d'effet; non point en le doublant & en l'appliquant aux deux oreilles, mais en lui donnant une figure particuliere qui ne l'augmente que de très-peu de volume : je l'ai exécuté moi-même ; mais je n'ai pu lui faire produire parfaitement fon effet, ni en faire des expériences exactes, parce qu'il m'auroit fallu employer le fecours d'une ou de plufieurs perfonnes, & qu'elles auroient eu connoiffance de la fabrique de cet inftrument, ce que j'ai toujours évité. C'eft par cette même raifon que je n'ai point fait faire trois ou quatre autres conftructions différentes de cet acouftique. J'ai trouvé des artifans curieux & dont l'efprit étoit affez fubtil pour pénétrer mes penfées, quelque précaution que je priffe pour leur en ôter l'intelligence. Il y en a même en qui les ont contrefaites fans ma participation ; ce qui m'a obligé, afin d'éviter cet inconvénient, d'employer plufieurs artifans pour faire féparément une feule & même machine, dont je fais joindre enfuite les parties par un ouvrier peu intelligent ; ou bien je tâche de les unir moi-même. Mais lorfque la chofe eft trop difficile, je differe à exécuter mes idées, & j'en ai plufieurs de cette maniere fur des fujets importans & utiles, dont, par cette raifon, je n'ai jamais fait aucun effai.

J'ai obfervé que mon acouftique groffit la voix, qu'elle frappe l'oreille avec violence, & qu'elle fait une fenfation très-forte ; ce qui eft une preuve évidente que les fourds & ceux qui font obligés de leur parler en pourront retirer un foulagement confidérable.

Je ne fais aucune difficulté de fatisfaire les curieux qui veulent favoir fur les oreilles de quels animaux eft fondée cette invention : Je leur dis que l'oreille du *Lamantin* ou *Vache de mer*, m'a fourni de très-belles idées ; ce poiffon qui fe trouve dans les mers équinoxiales de l'Amérique, a quinze ou feize pieds de long, & cinq ou fix de diamêtre ; & fi l'on en croit les relations, il a l'ouie fort fubtile & s'enfuit au moindre bruit que l'on fait foit en parlant, foit en remuant l'eau fort doucement ; cependant il n'a point d'oreilles extérieures, mais feulement deux petits trous dans lefquels le petit doigt auroit peine à entrer. Nos Bafques qui vont aux glaces du Nord, difent que la *Baleine* a l'ouie fort bonne ; elle n'a point non plus d'oreilles extérieures, & les trous par lefquels s'introduit le fon, peuvent à peine s'apper-cevoir ; & dans quelques-unes, ils font éloignés de l'oreille intérieure de fept à huit pieds, au rapport de M. Perrault. L'*Outarde*, au contraire, oifeau d'une médiocre grandeur, dont l'ouie eft commune & ordinaire, a cependant les trous des oreilles très-grands & très-ouverts, enforte qu'on y pourroit facilement introduire le bout du doigt.

La nature eft merveilleufe dans toutes fes pro-ductions, & elle ne fait rien inutilement. Si les phi-lofophes pouvoient découvrir l'intention qu'elle a eue dans la fabrique des oreilles du *Lamantin*, de la *Baleine* & de l'*Outarde*, dont les ouvertures font fi difproportionnées à la différente grandeur de leur corps, & à la fubtilité de leur ouie, ils fauroient des chofes admirables. J'ai fouhaité plufieurs fois de con-noître la conftruction de l'oreille intérieure de ces animaux, & d'avoir les mêmes occafions d'en faire la diffection, comme je les ai eues de difféquer celles du *Sanglier*, du *Lievre* & de la *Taupe* qu'on croit être l'animal qui entend le plus clair& qui n'a cependant,

aucune apparence d'oreille extérieure. J'ai tiré de
ces diffections , des conféquences très-belles & très-
curieufes pour expliquer la fenfation de l'ouie (*a*).

Quelques favans m'ont objecté, que fi ce que j'ai
dit étoit vrai, que l'on pût entendre le bruit que fait
une mouche en marchant, il s'enfuivroit que (toutes
chofes proportionnées) on pourroit, par le moyen
de cet inftrument, entendre d'une plus grande diftance des bruits bien plus forts, & par conféquent
que fon effet s'étendroit plus loin que celui des
lunettes d'approche. Je leur ai dit que cette objection
étoit prématurée ; qu'ils devoient, avant que de la

<hr>

Note de
l'éditeur.

(*a*) M. de Hautefeuille avoue lui-même qu'il n'a point fait
ni vu faire la diffection de l'oreille intérieure du *Lamantin* ,
de la *Baleine*, ni de l'*Outarde* : il faut donc de deux chofes
l'une ; ou qu'il ait vu leur repréfentation anatomique , ou du
moins leur defcription dans quelque livre ; ou bien , l'une des
principales confidérations qui l'auront conduit à la découverte
de fon acouftique , c'eft que la plupart des animaux qui paffent
pour avoir l'ouie fort fubtile , n'ont point ou prefque point
d'apparence d'oreille extérieure , mais feulement des trous fort
étroits dans lefquels le petit doigt auroit peine à entrer, tandis
que les animaux qui ont l'ouie ordinaire & commune ont des
oreilles extérieures & des trous d'un diametre affez confidérable.
M. de Hautefeuille femble appuyer beaucoup fur cette remarque ; & fi l'on fait de plus attention à ce qu'il dit de fa
machine , qu'elle étoit fondée fur *le principe de l'équilibre
des liqueurs* , dont il s'eft fervi pour expliquer l'effet des
trompettes parlantes , & qu'on fe rappelle l'expérience du
tonneau & du petit tuyau pleins d'eau , qui avoit fervi à
démontrer ce principe ; c'eft une forte préfomption que cet
inftrument acouftique confiftoit en deux parties effentielles ;
1°. un tuyau ou conduit d'un fort petit diametre & d'une
certaine longueur, ou bien un trou très-petit, par où s'in-
troduifoit l'air fonore ; 2°. une boîte ou une efpece de caverne d'une grande capacité qui contenoit une grande maffe
d'air, laquelle maffe d'air étoit ébranlée & mife en vibration
par l'air fonore qui entroit par le petit tuyau ou par le petit
trou ; mais le comment , la maniere dont l'enfemble de cette
machine étoit difpofé , fa forme , les acceffoires qui pouvoient
y entrer , tel eft l'énigme ; *hic opus , hic labor.*

faire, avoir vu cette machine ; que c'étoit parler
comme les aveugles des couleurs ; qu'ils s'étoient
trompés en croyant que j'avois publié cet effet
comme une chofe rare & furprenante ; que j'en
avois parlé feulement pour marquer une propriété
particuliere & fpécifique de cet inftrument, en cas
que quelqu'un en fît la découverte ; & qu'ils n'auroient point fait cette objection, s'ils avoient fu que,
pour entendre le bruit que fait une mouche en marchant, il faut néceffairement qu'elle foit placée dans
le foyer fonore de cet acouftique ; & que, pour peu
qu'elle en foit éloignée, on ne l'entend point du
tout ; de la même maniere que la voix n'eft point
groffie & ne s'étend pas plus loin qu'à l'ordinaire,
fi la bouche n'eft appliquée immédiatement à l'embouchure d'une trompette parlante. Et ce feroit une
mauvaife objection à un homme qui n'auroit point
connoiffance de l'effet de ces trompettes, de dire
que s'il étoit vrai que la voix pût fe faire entendre
trois ou quatre fois plus loin, toutes fortes de fons
& de plus grands fe feroient entendre à une très-
grande diftance.

De même que les lunettes d'approche doivent
s'allonger & s'accourcir felon les différens éloignemens des objets, je ne fais fi cet acouftique ne doit
point être allongé & accourci, non pas felon les
diverfes diftances des bruits, mais felon la différence
des corps qui les produifent, ayant remarqué que le
fon des cloches & des timbres, & quelques autres,
ne font point, ou très-peu, augmentés par cet inftrument qui étoit d'une grandeur fixe. S'il exigeoit
néceffairement un changement continuel de confor-
mation, felon la différence des fons & des tons,
comme nous voyons que les yeux en changent continuellement felon les différens éloignemens des
objets, ce feroit un obftacle à fa perfection. Cette

obſervation des différens bruits qui font une différente ſenſation , m'a donné lieu de conjecturer qu'il pourroit y avoir dans l'organe de l'ouie , des parties propres pour produire la ſenſation de certains ſons , comme des timbres & des cloches ; & qu'il y en a d'autres parties deſtinées pour faire appercevoir les ſons de la voix , des inſtrumens , &c. Si cette penſée qui a quelque vraiſemblance , pouvoit ſe vérifier par pluſieurs expériences , elle ſeroit une découverte aſſez curieuſe dans la phyſique , & je ne déſeſpere pas que cet acouſtique n'y puiſſe contribuer.

Il n'y a aucune partie dans l'œil dont l'uſage ne ſoit connu ; il n'en eſt pas de même de l'oreille : les anatomiſtes modernes ont fait des deſcriptions aſſez exactes de toutes ſes parties , mais ils n'ont preſque point parlé de leurs uſages. Tous les philoſophes anciens & modernes ſe ſont trompés dans la plupart de ceux qu'ils leur ont attribués ; ils ont cru , par exemple , que le marteau , l'enclume & l'étrier étoient faits pour tranſmettre le ſon plus parfaitement dans le labyrinthe , où eſt cet air qu'Ariſtote appelle *implanté* & qu'il a fait le principal agent de l'ouie. La raiſon qu'ils en apportent, eſt que ces os ſont les ſeuls qui ne ſont point environnés de périoſte ; qu'ils ſont ſolides , durs , polis , ſecs , creux , ſuſpendus , toutes qualités qui rendent les corps très-ſuſceptibles du ſon. La nature eſt bien plus induſtrieuſe dans la fabrique de ces os, qu'elle auroit ſans doute ſupprimés , ſi elle n'avoit eu d'autre intention que de tranſmettre le ſon ſur cet *air implanté* qui n'a point, à mon avis, toutes les qualités que les anciens lui ont données. Ils devoient rendre raiſon du nombre de ces os , & de leur figure , qui ſont des choſes très-eſſentielles. Je ferai voir l'artifice , ſi j'oſe dire , infiniment admirable de ces petits os , quelle eſt leur fonction , & quelle part ils ont dans la ſenſation de l'ouie , par pluſieurs

expériences

expériences vifibles , & par *un effet qui paroît fenfi-blement dans un certain inftrument de mufique* (*a*) , & je l'appuyerai du fentiment de quelques habiles anatomiftes modernes qui en ont foupçonné quelque chofe (*b*).

J'ofe me flatter que ce feul petit éclairciffement dans une matiere auffi obfcure & d'une auffi grande conféquence dans la phyfique, vous paroîtra & aux véritables favans une production affez confidérable, non - feulement par la chofe même, mais parce qu'elle leur donnera occafion d'aller plus loin , & peut-être de découvrir à quoi fervent les trois ca-naux demi-circulaires , pourquoi deux de leurs em-bouchures font jointes enfemble ; & qu'elle eft la propriété de la lame fpirale , dont j'ai foupçonné un ufage qui me paroît affez vraifemblable.

Je n'ai point appréhendé ce que M. Perrault m'écrit dans fa premiere lettre , *que les particula-rités que je rapporte de l'effet de cette machine pour-roient bien donner lieu à deviner quelle elle eft.* En effet perfonne ne l'a devinée depuis plus de vingt-deux ans ; & fi ce favant homme qui poffédoit à fond cette matiere, & qui avoit un génie inventif, ne l'a point trouvée , j'ai pu être en repos à l'égard de plufieurs autres , & je puis l'être encore à l'avenir , quoique depuis ce temps-là j'aie donné de plus grandes ouvertures pour la deviner, & que ce ne foit pas même une chofe difficile , puifqu'elle ne

---

(*a*) Quel pouvoit être cet inftrument de mufique dont le mé-chanifme & le jeu peuvent avoir quelque rapport de fimilitude pour expliquer l'ufage des offelets de l'ouie ? Les favans font in-vités à faire cette recherche. Notes de l'éditeur.

(*b*) Cette lettre à M. Bourdelot fut écrite en 1702 : pour favoir donc de quoi il s'agit en cet endroit relativement à l'ufage des offelets de l'ouie , il n'y auroit qu'à confulter tous les ouvrages d'anatomie qui exiftoient vers ce temps-là.

confiste que dans *l'application d'un principe qui eſt connu* (a).

(a) Ce principe n'eſt autre que celui *de l'équilibre des liqueurs de M. Paſcal.* Il ne s'agiroit donc que de trouver une forme, une conſtruction de machine, qui fût propre à mettre ce principe en action à l'égard de l'air, ainſi qu'on a vu dans l'*explication des trompettes parlantes,* (page 11.) que cela ſe pouvoit faire à l'égard de l'eau. Mais un tel défi pour une choſe que l'abbé de Hautefeuille aſſure être ſi ſimple & ſi aiſée à trouver, joint à l'utilité qui reviendroit de cette découverte, un tel défi eſt bien fait pour piquer la curioſité & exciter l'émulation des ſavans.

Il eſt encore à propos de remarquer que ce que dit ici M. de Hautefeuille, que la fabrique de ſa machine ne conſiſte que dans l'application *du principe de l'équilibre des liqueurs,* n'eſt point contradictoire avec ce qu'il avoit avancé ci-devant (v. l'*Extrait de la Balance Magnétique,* page 65.) que cette invention très-ſimple eſt fondée ſeulement *ſur la conſtruction de l'oreille de certains animaux qui ont l'ouie fort ſubtile* : car ce n'eſt qu'en tant qu'il explique l'effet de la conſtruction de l'oreille de ces animaux par *le principe de l'équilibre des liqueurs.* Et cette contradiction apparente ceſſera bientôt d'en être une, ſi l'on confere & que l'on rapproche ici, ce qu'il a dit ailleurs (voy. *l'art de reſpirer ſous l'eau,* page 56.) que cet inſtrument eſt fondé ſur le même *principe de l'équilibre des liqueurs,* dont il s'étoit ſervi pour l'explication de l'effet des trompettes parlantes, & ſur l'*organe de certains animaux.* Il eſt donc très-évident que M. de Hautefeuille n'a pu prendre que dans la conſtruction de l'oreille de ces animaux, l'idée d'un inſtrument dont la forme fût propre à mettre en action, à l'égard de l'air, le *principe de l'équilibre des liqueurs.* Il paroît donc certain que la voie la plus ſûre pour parvenir à réſoudre cette énigme, c'eſt de conſulter le grand Livre de la Nature ; c'eſt de prendre ſur la conſtruction de l'oreille des animaux qui paſſent pour avoir l'ouie la plus ſubtile, & particuliérement de ceux que M. de Hautefeuille a indiqués dans la préſente lettre page 77, les idées qui l'ont conduit à la découverte de cet inſtrument acouſtique. De plus ſi l'on remarque bien l'eſpece d'affectation avec laquelle M. de Hautefeuille ſemble inculquer la néceſſité d'étudier la nature (voy. l'*Extrait de la Balance Magnétique,* page 65, & la *préſente lettre à M. Bourdelot,* page 77.) on demeurera perſuadé qu'il n'a pris que ſur la fabrique naturelle de l'oreille de ces animaux l'idée & le modele de ſa machine. Ajoutons encore une remarque qui nous a paru précieuſe, parce qu'elle met le der-

A l'égard de ce que M. Perrault dit dans cette même lettre qu'on *pourroit croire que c'eſt moi qui veut dérober cette invention à ceux qui la trouveront, en publiant ſeulement que je l'ai déja trouvée ;* je n'ai conſidéré ces paroles que comme un moyen pour m'exciter à la lui communiquer & à la donner au public. Je ſais que celui qui publie le premier une découverte, en doit être eſtimé l'inventeur & en recevoir toute la gloire. Si quelqu'un l'avoit donnée au public avant moi, je ne la lui aurois pas conteſtée, pourvu que ce n'eût point été de la même maniere que M. Huighens a publié l'invention des pendules portatives ; & comme certains ſavans s'empreſſent de publier les penſées des autres, après les leur avoir entendu dire en converſation, dont il y a pluſieurs exemples. Je n'aurois pas même allégué cette maxime de Seneque : *Multùm ad inveniendum contulit, qui ſperavit poſſe reperiri ;* à laquelle j'aurois pu ajouter, *qui aſſeveravit poſſe reperiri & reperiſſe ;* mais inutilement, parce qu'il n'y a perſonne qui n'en puiſſe dire autant de quelque invention que ce ſoit.

Il eſt dit dans l'Hiſtoire de la ſociété royale de Londres, à la ſection 27 de la troiſieme partie, que M. Hook avoit entrepris de démontrer que le *goût*, *l'attouchement*, *l'odorat* & *l'ouie*, peuvent être auſſi bien perfectionnés que la *vue* ; dont je ne conviens pas à l'égard des trois premiers : parce que la ſenſation ſe fait dans la *vue* & dans l'*ouie*, par l'ébranlement d'une matiere qui eſt entre les objets & les organes de ces deux ſens ; & qu'elle ſe fait

---

nier ſceau à cette perſuaſion ; c'eſt que M. de Hautefeuille avoue lui-même, en propres termes, que cette invention qu'il a imaginée n'eſt qu'une imitation de la ſtructure de l'oreille de ces animaux. (voy. la liſte de ſes ouvrages, n°. dernier.)

par l'application immédiate des objets fur les organes
du *goût*, de l'*attouchement* & de l'*odorat*. Et quoiqu'on fente quelquefois les odeurs de fort loin, ce
font toujours les corpufcules odorans qui s'appli-
quent immédiatement fur les nerfs olfactoires ; &
comme leur réunion, quoiqu'il foit très-difficile de
la produire, n'augmenteroit point la fenfation, je
fuis perfuadé que l'art ne pourra jamais perfectionner
ces trois fens.

M. Perrault & plufieurs autres favans ont cru qu'il
étoit poffible de perfectionner l'ouie. Le P. Cherubin d'Orléans, capucin, auteur de la Dioptrique
oculaire, & le perfectionnateur du Binocle, pour ne
pas dire l'inventeur dont la qualité lui a été conteftée
par quelques favans, avec trop d'aigreur & même
avec un peu d'injuftice, m'a affuré qu'il avoit trouvé
le moyen de perfectionner l'ouie, & qu'il en avoit
fait l'expérience en préfence d'un des premiers reli-
gieux de fon ordre, lequel avoit obfervé comme lui
qu'elle réuffiffoit en perfection, mais que cette invention étoit dangereufe à la fociété civile, parce
qu'elle donneroit lieu à découvrir les fecrets les plus
cachés, qu'elle cauferoit des trahifons & des meurtres
dont il feroit la caufe innocente : que par cette raifon il ne la publieroit jamais, & que fes fupérieurs
le lui avoient défendu. Je ne pus être de fon fentiment, & je lui objectai que les lunettes d'approche
avoient ce même inconvénient : il me répondit feulement que l'on pouvoit fe garantir de leur effet par
le moyen des rideaux, & qu'ils n'empêchoient pas
celui de fon acouftique.

M. Toinard, qui ne doit pas vous être inconnu, m'a
dit, il y a plufieurs années, que ce pere lui en avoit
fouvent parlé, & qu'il lui avoit écrit fur ce fujet,
la lettre que voici :

"M O N S I E U R,

« Je crois vous avoir dit le fuccès de l'expérience
» acouftique que je fis dans notre couvent d'Or-
» léans en préfence d'un de nos généraux, auquel
» je fis entendre d'une diftance d'environ quatre-
» vingt pas, très-diftinctement jufqu'à difcerner les
» voix des particuliers dans une multitude qui par-
» loient enfemble, quoique dans le milieu on ne les
» pût aucunement entendre, car ils ne parloient
» qu'à voix baffe; & néanmoins l'on n'en perdoit
» pas une fyllabe. La défenfe qu'il m'a faite d'en
» évulguer l'invention, à caufe des périlleux effets
» qui en pourroient réfulter, & qu'il n'y auroit plus
» de fecret dans la fociété des hommes, me l'a fait
» retenir fous un filence perpétuel. Je fuis de tout
» mon cœur,

» M O N S I E U R,

  » Votre très-humble & très-
  » obéiffant ferviteur en J. C.
  F. CHERUBIN D'ORLÉANS,
   Capucin I.

» *A Angers ce 27 février 1675.*

M. Toinard m'a encore affuré que ce pere lui
avoit dit depuis en converfation, deux chofes affez
confidérables : la premiere, qu'il s'étoit fervi de cet
acouftique dans une grande divifion qui arriva entre
les capucins, il y a environ cinquante ans, laquelle

fut appellée des *Claudions* & des *Ivetons*, du nom des deux chefs, dont l'un étoit le P. *Claude*, de Bourges, & l'autre le P. *Ives*, de Nevers; & qu'il découvrit par le moyen de cet inftrument, plufieurs fecrets des *Claudions*, lorfqu'ils parloient enfemble, dont fon parti, qui étoit celui des *Ivetons*, fe fervit très-avantageufement.

La feconde, que cet acouftique étoit d'un volume affez grand; qu'il pouvoit néanmoins fe cacher fous le manteau. Cela m'a donné lieu de penfer qu'il n'eft point fondé fur le même principe que le mien; & que le P. Cherubin fe fervoit de deux grands cornets, qu'il appliquoit aux deux oreilles, lefquels augmentoient chacun un peu la fenfation, qui par ce moyen étoit rendue quatre fois plus forte, parce que les deux organes étoient ébranlés en même temps (*a*).

Note de l'éditeur.

(*a*) Si deux grands cornets ordinaires étoient capables d'un effet auffi confidérable que celui qu'on vient de voir dans la lettre du P. Cherubin & dans la relation de M. Toinard, il y a long-temps que l'expérience l'auroit confirmé; & dès-lors l'inftrument de ce pere ne feroit plus un fecret fi merveilleux; il eût même été inutile que l'abbé de Hautefeuille inventât une autre forte d'acouftique. Auffi le jugement qu'il porte de celui du P. Cherubin, ne paroîtra pas extrêmement jufte à ceux qui l'examineront de près.

Tout le monde fait la propriété qu'ont les trompettes parlantes, & en général tous les tuyaux faits en cône, ainfi que ceux qui font faits en rampe de limaçon (*tubi cochleati*), de paroître groffir les bruits qui fe font en parlant, en marchant, en frappant, &c. & d'avoir à-peu-près tous les mêmes effets que M. de Hautefeuille rapporte de fon acouftique (p. 56 & 57, lorf-qu'on les applique fur l'oreille par leur petit diametre, en préfentant leur plus grande ouverture aux fons de dehors. On peut voir des inftrumens de cette forte & de toutes efpeces de figure conique, elliptique, parabolique, &c. dans la *mufurgie* & dans la *phonurgie* de Kircher & dans d'autres auteurs ; on peut voir auffi

Mais fuppofé que cet habile capucin eût trouvé cette invention, il n'en partageroit point la gloire avec celui qui la publieroit le premier, & elle feroit à fon égard comme s'il ne l'avoit point trouvée. Il n'en feroit pas de même s'il avoit inféré dans quelqu'un de fes ouvrages, des particularités affez claires pour faire appercevoir qu'il en auroit connoiffance; il pourroit, en ce cas, y avoir quelque part. Il y a des exemples de philofophes anciens & modernes qui ont publié des inventions fous des difcours énigmatiques, dont on ne pouvoit d'abord pénétrer le fens, qui dans la fuite eft devenu évident, après qu'elles ont été trouvées. Mais l'honneur de l'invention eft toujours attribué à celui qui l'a publiée le premier.

Apparemment, Monfieur, que vous n'avez pas

---

dans le tome II du Recueil des Machines & Inventions préfentées à l'Académie Royale des fciences, édition de Paris 1735, à l'année 1706, pag. 119 & fuivantes, les divers inftrumens acouftiques que M. Duquet inventa & préfenta à l'académie, lefquels font principalement formés d'une parabole : tous ces inftrumens & autres femblables étoient très-connus du temps de M. de Hautefeuille & du P. Cherubin ; ils n'ont pu par conféquent les ignorer, & ils ont été à même d'apprécier leurs effets. Mais ils n'étoient pas capables des grands effets qu'on a vus de ceux de M. de Hautefeuille, & du P. Cherubin : ils ne font pas à beaucoup près un effet auffi violent fur l'oreille ; ils ne groffiffent pas auffi confidérablement le plus petit bruit que l'on puiffe faire en parlant ; ils ne recueillent pas les fons, fur-tout ceux de la voix, à des diftances doubles, ou triples, ou quadruples, de la diftance ordinaire où l'on peut les entendre à l'oreille fimple ; ils ne peuvent conféquemment fervir aux perfonnes fourdes que tête-à-tête, lorfqu'en parlant on approche la bouche bien près de leur pavillon : Concluons donc que tous ces cornets ordinaires n'ayant point la même efficacité que les inftrumens acouftiques de l'abbé de Hautefeuille & du P. Cherubin ; ceux-ci étoient affurément autre chofe.

le ſcrupule du P. Cherubin, puiſque vous m'avez preſſé plus d'une fois, & que vous m'exhortez encore, dans votre derniere lettre, de donner au public ce moyen de perfectionner l'ouie, & vous ne croyez pas qu'il ſoit pernicieux au genre humain. J'ai trouvé une invention de cette nature dont le principe eſt fondé ſur l'effet de la poudre à canon, & qui ſeroit utile au parti qui s'en ſerviroit le premier ; mais étant connue auſſi-tôt & ne ſe pouvant cacher, elle deviendroit funeſte à bien des hommes : ce ſont de ces ſortes de découvertes qu'il ne faut jamais divulguer.

J'approuve les raiſons dont vous vous ſervez pour m'exhorter à publier cet acouſtique. Je ſais que les inventions & les découvertes n'appartiennent point proprement aux inventeurs, & qu'ils n'en ſont que les diſpenſateurs & les miniſtres dont Dieu ſe ſert pour les communiquer aux hommes. Mais Dieu n'a pas défendu aux uns d'en avoir de la reconnoiſſance, ni aux autres de tirer quelque profit de leurs travaux & des dépenſes qu'ils ont faites. Vous paſſez légérement ſur cet article & ſur les paroles que je vous ai citées de ce ſavant philoſophe Otto de Guerike : *Sed quid mihi inde gratiæ, ſi inventum illud, cujus experimenta magno meo ſumptu feci, cuivis gratìs communicarem ?* Ne ſeroit-il pas juſte que les inventeurs profitaſſent des découvertes qui leur ont coûté beaucoup de ſoins, de peines & de dépenſes ? Le public y eſt même intéreſſé, puiſqu'ils employeroient ce profit à faire de nouvelles expériences qui leur donneroient occaſion de trouver d'autres choſes utiles ; au lieu que ne retirant rien de leur travail, ils ceſſent de s'appliquer, ou bien ils laiſſent périr leurs inventions dont la perte eſt irréparable pour le public & pour la poſtérité. C'eſt-là l'origine & la véritable cauſe pourquoi les arts & les ſciences parviennent ſi lentement à leur perfection. Vous avez lu dans le ſecond journal de Trévoux de cette année, qu'un philoſophe a brûlé lui-même avant ſa mort, ſans qu'on en ait ſu la raiſon, le traité qu'il avoit fait de l'arc-en-ciel. Combien y a-t-il de ſavans qui ont fait la même choſe, leſquels n'en ont jamais parlé, & dont perſonne n'a été informé ? cette perte dans les ſciences ſpéculatives n'eſt pas à beaucoup près ſi préjudiciable que celle qui ſe fait dans les arts & dans les mécaniques qui ſont infiniment plus utiles. J'ai connu un homme de probité qui m'a dit avoir vu une machine dont il ne put comprendre l'uſage, & qu'un artiſan brûla en ſa préſence, parce qu'il ne pouvoit ſe la rendre utile & qu'elle l'auroit été ſeulement à ceux de ſon métier qui avoient plus d'habitudes & de pratiques. Pluſieurs ſavans m'ont rapporté divers exemples d'inventions très - utiles qui ont été perdues de cette maniere ; & on pourroit aſſurer, ſans crainte de ſe tromper, qu'il y en a encore un plus grand nombre dont perſonne n'a connoiſſance.

Il n'en eſt pas de même des inventions de méchanique que des ſecrets qui ſe trouvent dans la médecine, leſquels peuvent ſe cacher, & les inventeurs peuvent s'en ſervir ſans craindre que les autres les mettent en pratique à leur inſu. Les ſecrets de médecine ſe perdent rarement, parce que les ſouverains ont intérêt de les acheter pour en procurer la connoiſſance à leurs ſujets ; ou bien, les inventeurs, après en avoir beaucoup profité, les donnent gratuitement au public. Mais les inventions de méchaniques (ſi l'on en excepte très-peu qui conſiſtent dans une maniere d'exécuter qui ne ſe peut découvrir) périſſent ordinairement, parce qu'il eſt très-difficile aux inventeurs de ſe les rendre lucratives ; & ſi quelques-unes viennent à la connoiſſance du public , c'eſt preſque toujours au haſard qu'il en eſt redevable.

On pourroit remédier à ce déſordre en établiſſant une COMPAGNIE DES NOUVELLES DÉCOUVERTES, qui auroit ſoin de les faire valoir , d'en tirer tout le profit poſſible , & d'en donner le tiers ou la moitié aux inventeurs ; & le reſte feroit un fonds qu'on employeroit à exécuter les expériences des inventions qui feroient propoſées. Un ſavant, un curieux, un pauvre artiſan , éloigné de Paris , ſans quitter leur famille , ſans faire aucune dépenſe , ni s'engager dans l'embarras d'un privilege , feroit aſſuré de tirer quelque profit de ce qu'il auroit trouvé pour la perfection des arts , & pour l'utilité publique. Un étranger même pourroit propoſer des inventions qui ſont en uſage chez lui, & inuſitées en France où elles paſſeroient pour nouvelles. Vous m'objecterez que les inventeurs ſont rares, qu'il ne ſe trouve point aſſez de choſes nouvelles pour un pareil établiſſement, ce qui eſt vrai dans l'état préſent ; mais on en verroit bientôt un grand nombre, ſi ce deſſein étoit bien exécuté ; & les arts parviendroient plus tôt à leur perfection dans l'eſpace d'un ſiecle, qu'ils ne feroient en deux mille ans.

Lorſque l'hiſtoire des arts paroîtra , elle donnera un grand plaiſir aux curieux, & elle ſera utile à la poſtérité pour empêcher que pluſieurs inventions ne périſſent. Si les hommes ont été aſſez négligens pour laiſſer perdre celle de l'écarlate, & les autres que *Pancirole* & *Salmuth* ſon commentateur, ont rapporté dans le livre intitulé : *Vetera deperdita ;* on peut croire qu'il en eſt péri un plus grand nombre de moins conſidérables , dont on n'a pu avoir connoiſſance.

Il feroit beaucoup plus utile de publier une liſte

des chofes qui manquent dans chaque art, & qu'il feroit néceffaire de trouver pour le mettre dans fa perfection: cela donneroit lieu à plufieurs perfonnes de s'appliquer à les inventer. Quelquefois on cherche dans un art ce qui eft connu dans un autre. Comment perfectionner les arts, fi l'on ne fait point ce qui y manque? Il eft impoffible de trouver une chofe dont on n'a aucune idée. Mais qui fera ce dénombrement? Il faudroit pour cela que les artifans fuffent philofophes, ou que les philofophes fuffent artifans. Les ouvriers, quelques habiles qu'ils foient, ne s'attachent gueres à cette recherche fpéculative ; & des favans n'approfondiffent pas affez la pratique des arts. Il y a même des chofes dont les ignorans peuvent s'avifer, defquels les plus grands efprits ne s'aviferoient point : ce qui fait voir que toutes fortes de perfonnes peuvent, chacun à leur maniere, contribuer à la perfection des arts.

Un horloger me dit un jour, que ce lui étoit une affez grande incommodité d'ôter fes lunettes de deffus fon nez, & d'en remettre d'autres plus fortes, ou dont le foyer étoit une fois plus près lorfqu'il vouloit regarder des objets très-petits ; & que c'étoit même quelque perte de temps, parce que cela lui arrivoit fouvent ; qu'il feroit bien aife d'avoir une feule & même lunette compofée de deux feuls verres, avec laquelle, fans y toucher ni l'ôter de deffus le nez, il pût voir diftinctement des deux yeux les objets grands ou petits, peu ou beaucoup éclairés, & qui fît l'effet de fes deux lunettes. Cela m'a donné occafion de chercher ce moyen ; & j'ai fait faire une lunette qui a toutes ces propriétés, de laquelle je me fers affez commo lément depuis trois ou quatre ans. Quoique ce ne foit qu'une bagatelle, on pourroit la propofer aux favans comme un problême de dioptrique à réfoudre ; on en a propofé quelquefois de plus inutiles (*a*).

J'ai parlé de ce moyen de perfectionner l'ouie dans l'*Explication de l'effet des Trompettes parlantes*, imprimée en 1673 , & dans la *Pendule perpétuelle*, imprimée en 1678 (*b*). J'aurois pu le donner au public, il y a long-temps : ce n'a point été un fcrupule pareil à celui du P. Cherubin, qui m'en a empêché ; mais l'affaire que j'ai eue à l'occafion du principe des vibrations des reſſorts pour la juſteſſe des horloges & des montres, & la crainte d'un femblable événement m'ont retenu. J'ai bien jugé qu'en ne publiant point cet acouſtique, il ne me cauſeroit aucun procès, & que je n'aurois pas le chagrin de voir cette découverte attribuée à un autre, comme il m'eſt arrivé dans la fuite à plufieurs de celles que j'ai publiées.

C'eſt une chofe finguliere & qui n'a peut-être point d'exemple, que prefque toutes les nouvelles

---

Notes de l'éditeur.

(*a*) M. de Hautefeuille a depuis donné la folution de ce problême & la façon de conſtruire cette nouvelle lunette, dans un petit écrit de quatre pages *in-*4°. , publié en 1704 fous le titre de : *Deux Problêmes de Gnomonique à réfoudre*, &c. v. n°. 12. de la liſte.

(*b*) Nous n'avons pu trouver nulle part d'autre édition de l'*Explication de l'effet des Trompettes parlantes* , que celle de 1674 , dans laquelle il n'eſt fait aucune mention de cet acouſtique.

Quant au traité de la *Pendule perpétuelle* , on n'y lit autre chofe , pag. 17 , finon que M. de Hautefeuille fe propofoit de parler de cet acouſtique avec lequel on entend certains fons, quoique très-éloignés ou très-foibles, extraordinairement augmentés dans un autre écrit auquel il travailloit alors fous le titre de : *Traité des Pendules avec plufieurs nouvelles découvertes concernant les arts & les fciences*. Ce dernier écrit n'a vraifemblablement point vu le jour.

inventions que j'ai données au public, quelque mé-
diocres qu'elles foient, m'ont été enlevées par des
favans. Il y en a qui les ont produites fous leur nom;
d'autres fe les font attribuées tacitement, ce qui a
donné lieu aux auteurs des Journaux de France &
des Pays étrangers de leur attribuer ces inventions.
M. l'abbé de la Roque, après avoir publié dans le
Journal des Savans, du 7 août 1679, le Niveau que
j'ai inventé, dont le principe eft tiré du baromeitre
double, qui le rend plus fenfible & plus exact que
tous les autres nivaux, l'a mis une feconde fois fous
le nom d'un autre dans le Journal du 20 mai 1686.

J'ai propofé, en 1678, la lunette raccourcie par
la réflexion des rayons fur deux miroirs plans, & le
quart de cercle qui marque les degrés, les minutes
& les fecondes. Cependant le Journal des favans, du
27 août 1696, a rapporté une femblable lunette
fous le nom de M. L***, & le quart de cercle fous
le nom du P. ***, dans le Journal du   169.

M. Comiers, dans fon livre intitulé, *Traité de la
parole, langues & écritures, contenant la fténo-
graphie impenétrable, ou l'art d'écrire & de parler
de loin,* &c. imprimé à Liége en 1691, s'eft appro-
prié le moyen de parler de loin que j'avois publié
en 1679.

M. Papin, de Blois, profeffeur dans l'univerfité
de Marpourg, & membre de la Société Royale de
Londres, a fait, par ordre du prince Charles Land-
grave de Heffe, des expériences en grand d'aller
fous l'eau, d'y refpirer & d'y porter de la lumiere;
& celle d'élever l'eau par le moyen de la poudre à
canon : Il a publié ces expériences dans un petit
ouvrage intitulé : *Fafciculus differtationum de novis
quibufdam machinis atque aliis argumentis philofo-
phicis. Marpurgi 1695.* Les Journaux étrangers en

ont parlé comme étant des inventions de M. Papin ; quoique je les euſſe déja publiées, & que j'euſſe propoſé la maniere d'élever l'eau avec la poudre à canon dès l'année 1678 , & que le Journal des Savans du 15 ſeptembre de la même année en ait déja fait mention.

Ce qui m'eſt arrivé à l'égard de l'*Art de reſpirer ſous l'eau* , a quelque choſe, de particulier. J'en compoſai le manuſcrit & j'en fis graver la figure en 1678 , à laquelle je mis une courte explication, & ſuffiſante pour être entendue des habiles. Je communiquai ce manuſcrit à M. Perrault & à quelques autres ; j'en différai l'impreſſion parce que des ſavans & quelques perſonnes de qualité m'avoient promis qu'ils en feroient faire des expériences en grand ; je diſtribuai les figures, & j'en donnai pluſieurs à M. l'abbé Bourdelot votre oncle, qui en envoya aux illuſtres qu'il connoiſſoit dans les pays étrangers ; à la reine de Suede, qui étoit à Rome ; à feu M. le Prince, auprès duquel il m'avoit introduit, ce qui m'a procuré l'honneur de l'entretenir pluſieurs fois & d'en recevoir quelques lettres.

Etant à Orléans au mois de ſeptembre 1680 , je fis imprimer ce petit traité, & j'en diſtribuai les exemplaires à un grand nombre de curieux. L'auteur du Journal des Savans, dans les nouveautés de la quinzaine du 17 mars 1681 , en parla de cette maniere : *L'art de reſpirer ſous l'eau , & le moyen d'entretenir pendant un temps conſidérable la flamme enfermée dans un petit lieu, &c. par M. de Hautefeuille. C'eſt par le moyen de deux machines dont nous parlerons bientôt dans le Journal.*

L'auteur du Journal de Médecine , dans celui du mois de juillet de la même année , en parle auſſi en ces termes : *M. de Hautefeuille qui a un génie*

admirable pour les belles inventions, expliqua na-
gueres dans une de nos conférences, la machine qu'il
a inventée pour respirer sous l'eau. Nous donnerons
bientôt des remarques très-particulieres sur ce qu'il en
a écrit. Mais ces deux auteurs n'ont point tenu leur
parole, dont je n'ai pas su la raison.

M. l'abbé de la Roque, dans le Journal du 6 juillet 1682, y mit cet article : *Nouvelle machine pour*
respirer sous l'eau, tirée du livre récemment venu
d'Italie, De Motu Animalium, *composé par Al-*
phonse Borelli. Après y avoir fait l'éloge de cette
invention, rapporté les grandes utilités qu'on en
peut tirer dans plusieurs occasions, & remarqué
qu'il avoit parlé de la cloche, dans deux de ses
Journaux de l'année 1678, il dit *que c'est au savant*
Jean Alphonse Borelli que nous sommes redevables de
cette invention. Il ne fit aucune mention de mon petit
ouvrage, quoiqu'il eût promis de donner bientôt
l'explication des deux machines qui en font le sujet.
Bien des gens en furent choqués, & dirent que la
nation y étoit en quelque maniere intéressée. Je me
plaignis à lui de cette injustice ; il me répondit qu'il
n'y avoit aucune part, & que cela s'étoit fait par
l'entremise de certaines personnes qu'il ne voulut
pas me nommer.

J'ai fait depuis réflexion que vraisemblablement
la Reine de Suede à qui M. l'abbé Bourdelot avoit
envoyé, en 1678, la figure de ma machine pour
respirer sous l'eau, l'avoit donnée à M. Borelli, qui
lui avoit dédié son livre, dans lequel, traitant du
nager des poissons, il avoit pris occasion d'y parler
de ce moyen, sans spécifier qu'il en fût l'inventeur ;
& il y a toute apparence que s'il l'avoit été, il n'auroit pas manqué de le dire expressément.

Je pourrois encore vous rapporter quelques inventions qui m'ont été enlevées, mais je ne vous

en parlerai point, non plus que d'une autre qui ne mérite point d'entrer en parallele avec les découvertes qui contribuent à la perfection des sciences & arts. Ce font les loteries dont j'ai donné l'idée & enseigné la maniere de les diriger & de les tirer promptement, exactement & fidelement ; ce qui a donné lieu à la loterie-royale, & engagé les hôpitaux & plusieurs villes de France & des Pays étrangers, d'en faire de semblables ; lesquels y ont gagné & y gagnent encore considérablement : cependant vous savez que je n'ai pu obtenir la permission d'en faire de fort petites qui auroient été agréables au public, & qui n'auroient été préjudiciables à personne.

Vous me direz, Monsieur, que ces savans qui ont publié les mêmes inventions que moi, ont pu, chacun en particulier, les avoir trouvées ; & qu'il y a des exemples que différentes personnes, sans avoir eu aucune communication, ont fait les mêmes découvertes : j'en demeure d'accord, & il me seroit toujours fort glorieux de m'être rencontré avec des hommes aussi célebres ; mais cela ne donne pas la même émulation de travailler, & n'excite point à publier ses pensées.

Vous me direz encore qu'il y a plusieurs de ces découvertes qui, selon mon aveu, font d'une médiocre considération, & qui ne réussissent point dans la pratique ; que par cette raison je dois peu m'inquiéter de les voir attribuer à d'autres. Je vous répondrai ce que M. de Roberval répondit dans un pareil cas : Il avoit proposé quelque chose de nouveau à l'Académie ; un autre savant de ses confreres prétendit avoir trouvé la même chose, & cela émut une grande contestation entre eux. M. Carcavi, qui étoit alors le président, tâcha de les accorder, & représenta à

M.

M. de Roberval, que la chofe dont il s'agiſſoit étoit de peu de valeur, & qu'il devoit par cette raiſon l'abandonner. Je vous ferai, dit cet habile mathématicien, la même réponſe que ce maître fit à ſa ſervante dans la comédie de Plaute, intitulée *Aulularia : Araneas mihi ego illas ſervari volo.* Il eſt vrai que ce dont il s'agit, eſt peu de chofe ; mais c'eſt à cauſe de cela même que je veux me le conſerver : & M. de Roberval ne voulut jamais ſe relâcher. Tant il eſt vrai que les ſavans ſont jaloux de leurs moindres idées lorſqu'elles ſont nouvelles.

Si j'ai publié quelques inventions qui ſont purement ſpéculatives, ce n'eſt pas que j'en aie apperçu le foible. Les plus ſavans philoſophes en ont propoſé de ſemblables ; & pourvu que les penſées ſoient nouvelles, elles doivent toujours être eſtimées, parce qu'elles donnent ſouvent occaſion d'en trouver d'autres plus parfaites. Il eſt très-rare & très-difficile d'inventer des choſes qui réuſſiſſent parfaitement. On a remarqué que M. de Roberval, qui étoit, comme vous ſavez, un des plus grands géometres de ſon temps, n'a trouvé aucune invention conſidérable qui ait réuſſi dans la pratique. Il propoſa un jour, à l'Académie, une machine qui fut exécutée par un ouvrier dans toute l'exactitude poſſible ; il l'apporta à l'aſſemblée ; mais elle ne produiſit pas l'effet prétendu. Ce ſavant homme regardant de travers cette machine, demeura quelque temps dans une profonde rêverie : M. l'abbé Mariotte, qui l'apperçut, le fit remarquer aux autres, en leur diſant : « *Voyez* » *M. de Roberval, qui dit des injures à la na-* » *ture, parce qu'elle ne veut pas s'accorder avec* » *les loix de la géométrie* ».

G

Il eft fort indifférent au public, de qui il tient les nouvelles découvertes, pourvu qu'il en jouiffe; mais les inventeurs ont en vue, lorfqu'ils les publient, d'en tirer l'honneur qu'ils croient y être attaché. Quoique ce ne foit, à proprement parler, que de la fumée, c'eft fouvent la plus folide récompenfe qu'ils en peuvent efpérer; mais dont ils font prefque toujours fruftrés, parce qu'ils ne manquent jamais de trouver des envieux & de mauvais critiques qui leur enlevent leurs inventions, ou qui en diminuent la beauté, en paffant fous filence ce qu'il y a de meilleur, en mettant au grand jour les petits défauts qui s'y trouvent, & en s'efforçant d'y en faire paroître quoiqu'il n'y en ait point.

J'ai éprouvé toutes ces chofes plufieurs fois; & encore tout récemment, M. Bernard, auteur de la République des Lettres, dans fon Journal du mois de juin dernier, en donnant l'extrait de la *balance magnétique*, dit, à l'occafion des deux Brokémetres que j'ai propofés, que *je fuis d'affez bonne foi pour avertir ceux qui les examineront, qu'ils n'y trouveront rien de nouveau:* mais il eft d'affez mauvaife foi pour avoir fupprimé ces mots qui fuivent immédiatement, qu'*une combinaifon & une application de deux inventions connues depuis long-temps*, en quoi confifte l'effentiel & la principale beauté de ces machines. Si l'inventeur de la poudre à canon avoit dit que ceux qui l'examineront, n'y trouveront rien de nouveau, parce qu'elle n'eft qu'un mêlange de foufre, de falpêtre & de charbon, qui font des matieres connues depuis le commencement du monde; ne feroit-ce pas une chofe ridicule de rapporter fimplement, qu'*il eft d'affez bonne foi pour avertir ceux qui l'examineront, qu'ils n'y trouveront rien de nouveau.* Cette falfi-fication eft fi indigne d'un honnête homme, par-ticulierement d'un journalifte qui n'eft que le fimple rapporteur des ouvrages d'autrui, & dont le de-voir eft d'exciter les favans & les curieux à la recherche des nouvelles découvertes, que je ne puis attribuer cet extrait à M. Bernard; j'aime mieux croire qu'il lui a été envoyé de Paris par quelqu'un mal - intentionné & apparemment peu honnête homme, puifque, outre cette fauf-feté, la bonne foi paffe chez lui pour un défaut.

J'ai méprifé toutes ces mauvaifes critiques & je ne me fuis point foucié que mes découvertes fuffent attribuées à d'autres; mais je vous avoue fincérement que certaines chofes, dont je vous entretiendrai une autre fois, ont beaucoup ralenti mon ardeur, & m'ont fait prendre plufieurs fois la réfolution de ne plus rien publier, & particu-lierement ce moyen de perfectionner l'ouie (a).

Lorfque j'aurai fait exécuter cet acouftique dans toute la perfection que je prétends lui donner, je le ferai voir : vous jugerez de fon effet, & de l'utilité qu'on en peut attendre. Comme il n'y a eu aucune objection à faire contre l'invention des lunettes d'approches, il n'y aura auffi rien à dire contre cet acouftique. Les favans n'auront qu'à tâcher d'augmenter fa puiffance, autant que la nature le pourra permettre, de varier fa fabrique, de le réduire à un petit volume, de le rendre commode & d'un ufage facile; mais fur-tout d'en

---

(a) Qu'il eft malheureux pour l'humanité que des auteurs éclairés n'aient pu, faute de moyens, lui faire part de dé-couvertes utiles! ne pourroit-on pas préfumer de l'intérêt que le gouvernement prend au bien public, qu'il encouragera ceux qui voudront déformais fe livrer à de pareilles recherches ? *Note de l'éditeur.*

faire un grand nombre d'expériences différentes, & d'en tirer des inductions, pour connoître les véritables usages des parties intérieures de l'oreille, & la maniere dont chacune agit pour la sensation de l'ouie.

Je suis, avec bien du respect, &c.

A Paris, ce 30 août 1702.

EXTRAIT

D'une Dissertation sur la cause de l'Écho, par M. de Hautefeuille, couronnée en 1718 par l'Académie des Belles-Lettres, Sciences & Arts de Bordeaux, in-12.

EXTRAIT

*D'une DISSERTATION SUR LA CAUSE DE L'ÉCHO, par M. de Hautefeuille, couronnée en 1718 par l'Académie des Belles-Lettres, Sciences & Arts de Bordeaux, in-12. **

* N°. 14 de la liste.

N. B. On n'a extrait de cette Diſſertation que les principales choſes dignes de remarque.

LES corps moux & fort poreux ne laiſſent pas que de réfléchir les ſons; témoins les arbres & les toits couverts de neige & de givre, qui réfléchiſſent la voix & produiſent des échos, mais plus foible-ment que les corps durs & polis.

Fromondus, Kircher, Gaſpard Schott, M. Perrault, & d'autres philoſophes ont bien expliqué la maniere dont le ſon eſt produit par les ondulations de l'air; & comment elles vont & viennent à la rencontre des corps ſolides; mais pour la produc-tion de l'écho, ils n'ont point établi d'autre cauſe que la réflexion des ſons, qui ſeule ne ſuffit pas.

Pour expliquer la cauſe de l'écho, il vaut mieux

Idem. 12.

G 4

recourir à la catoptrique cauftique & à la dioptrique, qu'à la feule réflexion des rayons fonores.

Pag 14. — Les miroirs plans réfléchiffent les rayons de lumiere & du fon, mais ils ne les réuniffent pas dans un foyer.

La produ&tion de l'écho confifte non-feulement dans la réflexion des ondoiemens de l'air, ou des rayons fonores, mais dans leur réunion en quelque endroit que j'appelle foyer, par analogie avec celui des objectifs & des miroirs concaves.

Si les corps qui réfléchiffent la voix font difpofés de telle forte qu'ils renvoient les ondulations de l'air paralleles, il ne s'en formera aucune réunion, & par conféquent point d'écho. Mais fi ces corps les réfléchiffent convergens, elles produiront un foyer, & la voix s'entendra une feconde fois.

Pag. 17 &   Contre le fentiment de M. Perrault, dans fon
fuiv.   *Traité du Bruit*, je trouve admirable la comparaifon des ondulations de l'air aux encyclies ou cercles qui fe font fur la furface de l'eau lorfqu'on y jette une pierre; parce que cette comparaifon donne une idée claire & diftincte de la formation des échos. En effet les ondoiemens de l'air formés par la voix, s'écartent à la ronde, diminuent continuellement de force, & elle ceffe à la fin d'être entendue.

Chaque point phyfique de l'air mis en mouvement s'étend de tous côtés à la ronde & forme, en quelque maniere, des pinceaux optiques ou plutôt fonores, qui ne font point confondus, & les uns ne détruifent point les autres,

Durant cette ondulation circulaire de l'air , s'il fe rencontre des corps qui réfléchiffent plufieurs rayons dans un centre , la voix y eft entendue une feconde fois.

Lorfque les agitations de l'air entrent dans l'oreille , elles font réunies d'une façon particuliere & différente du cryftallin qui réunit les rayons des objets fur la rétine. J'expliquerai quelque jour , avec l'aide de Dieu , *comment fe fait cette réunion dans l'oreille & l'ufage des trois offelets.*

Tous les favans conviennent que la modification du mouvement de l'air qui produit les fons & la voix , eft peu connue , parce qu'elle ne tombe pas fous le fens de la vue.

Mais il fuffit de favoir que le mouvement de l'air fonore , quel qu'il foit , fe trouve exactement le même dans le foyer des rayons fonores , & tel qu'il étoit au fortir de la bouche ; que de chaque point phyfique de l'air ému , il s'écarte à la ronde des agitations dont plufieurs venant à fe réunir , elles forment une feconde voix femblable à la premiere.

Si cette feconde voix eft réfléchie dans un autre foyer , elle en produira une troifieme , celle-ci une quatrieme , & ainfi de fuite tant que durera l'agitation de l'air.

Si la voix rencontre des corps à diverfes diftances qui la réuniffent en plufieurs foyers éloignés les uns des autres , elle fera reproduite plufieurs fois par différens intervalles. Si ces foyers font dans une

égale diſtance , la voix ne ſera point entendue diſ‑
tinctement & ne ſera qu'un bruit confus.

Page 25. Il y a des échos *foibles* & des échos *forts* : les *premiers* n'ont que très-peu d'ondoiemens de l'air ramaſſés dans leur foyer, ou qui le font imparfaitement. Les *derniers* en ont beaucoup & bien diſpoſés , de même que les excellens objectifs réuniſſent exactement un grand nombre de rayons lumineux , & que les mauvais en réuniſſent peu ou très-mal.

Ibid. 26. Si la diſpoſition des lieux eſt telle qu'il y ait une grande quantité de rayons ſonores exactement réunis , ou que le foyer ſoit à l'entrée de quelque caverne ou conduit qui aille en s'élargiſſant , la voix ſera auſſi groſſe que ſi elle avoit été formée dans une trompette parlante (*a*).

Note de l'éditeur. (*a*) Dans une note (page 33.) nous avons dit que la cauſe de ces bruits conſidérables doit être attribuée à la denſité extraordinaire du milieu ſoit de l'air, ſoit de l'eau, dans lequel ils ſe font ; & nous avons fait venir à l'appui de cette aſſertion le §. 220. de la diſſertation de M. Roger (*tentamen de vi ſoni & muſices in corpus humanum*) dans lequel il avance que l'air eſt en effet très-condenſé ou ſuſceptible d'une extrême condenſation dans tous les lieux creux & profonds , & il explique en même temps comment cette denſité a lieu. Nous allons citer ici deux autres paragraphes intéreſſans du même ouvrage de M. Roger , leſquels reviennent parfaitement à notre ſujet.

§. 221. *Huc redunt & confirmant hoc , ea , quæ narrantur de effectibus ſonorum in profundioribus ſpeluncis ortorum. Refert P. Kircher in Helvetia eſſe montem* CUCUMEREM *dictum, in quo profundiſſima* Vorago *excavatur : in ea ſi lapidem delabi*

Echos tremblans. Le son du jeu d'orgue que l'on

---

finas, sonus confestim exit ita vehemens ut formidine & ejus violentiâ percussi astantes fugere cogantur.

Similiter de puteo in suâ patriâ, narrat, qui 300 palmis profundus superat vim explosionis tormenti bellici (Musurgia· Tome II, cap. V, pag. 234.)

P. Martyr narrat de speluncâ in Hispaniolâ Americæ insulâ, quæ tam horrendo sonitu & tam atroci tempestate perpetuò sævit, ut ad quinque milliaria nemo eam impunè, hoc est, sine vitæ, aut surditatis periculo, accedere audeat.

. . . . . . Nemo est cui à sono violento tympani membrana dolore non afficiatur; quod paucis è contra in alia corporis parte fieri solet. In cujus confirmationis gratiam libeat speluncæ Finlandiæ effectus memorabiles hîc referre ex Olao magno (Histor. Septentr. lib. II, cap. III.) est hæc propè Visburgum, non procul à Moscoviticis terris. Animali vivo in eâ dejecto, excitatur sonus vehementiâ formidabilis & auribus longè magis noxius quàm violentissima bombarda. Aures propè positorum ita suffocat & concutit, ut nec audire, nec loqui, nec stare debilitati valeant. Et hanc ejus vim omnem per tympani membranam derivari in corpus ex historiâ patet. Ingruente hostilitate, præfectus terræ, omnium aures cerâ concludi jubet, atque eos ab hostibus abscondi; deindè hastâ suspensum animal demittit in speluncam: hostes obsidentes, contra terrificum sonum patentibus auribus non præmuniti, veluti mactanda pecora prolabuntur, & longo tempore lapsi remanent. Rhuteni præ cœteris hostibus, graviùs hujus vim experti, multis suorum millibus amissis, de hujus veritate testimonium posteris reliquerunt. §. 234.

Il existe donc dans la nature des preuves sans réplique de l'augmentation du son portée à un degré presque incroyable. Il ne s'agiroit que d'examiner; & il y a lieu de croire qu'à force d'observations, on viendroit à bout de saisir & de connoître la marche de la nature, à l'exemple de laquelle on pourroit produire aussi des effets surprenans par des instrumens d'un nouveau genre. Ces sortes de recherches nous paroissent dignes de l'attention & des lumieres des savans.

appelle *tremblant* , est produit par une soupape
appliquée sur un tuyau coupé de biais ou en talus ;
qui le rend facile à être ouvert ou fermé. Les feuilles
des arbres qui sont dans un continuel mouvement ,
peuvent rendre la voix tremblante.

Page 27.   *Echos plaintifs.* Plusieurs foyers inégaux , proches
les uns des autres , réfléchissent la voix si promptement que l'oreille l'entend d'abord plus forte , ensuite plus foible , & toujours en diminuant.

Echos moqueurs & risibles. Plusieurs foyers inégaux & diversement éloignés , en telle sorte que
l'oreille entendra d'abord la voix foible & ensuite en
augmentant , peuvent servir à expliquer ces sortes
d'échos.

Ibid. 29.   Tous les puits profonds revêtus de pierres larges
& polies , rendent des échos admirables ; ce qui
provient de la polissure des pierres , lesquelles renvoient les ondulations de l'air dans le centre de la
circonférence intérieure depuis le haut jusqu'en bas ,
& y produisent plusieurs foyers ; de la même maniere qu'un miroir cylindrique concave réfléchit les
rayons qui tombent sur la surface intérieure , & fait
paroître une ligne de lumiere dans sa longueur.

PRÉCIS

Des particularités essentielles de l'Instrument Acoustique de M. de Hautefeuille ; avec des renvois aux pages de ce Recueil, où elles se trouvent consignées.

PRÉCIS

Des particularités essentielles de l'Instrument Acoustique de M. de Hautefeuille ; avec des renvois aux pages de ce Recueil, où elles se trouvent consignées.

I.

Monsieur de Hautefeuille rejette, pour la construction des instrumens acoustiques, les figures *paraboliques*, *hyperboliques*, *elliptiques*, ou autres semblables qui réunissent les rayons de lumiere dans un point : il soutient que ces formes géométriques ne peuvent produire le même effet relativement aux rayons sonores.

Page 56.

I I.

Dans cet autre instrument qu'il a imaginé, la figure & la réflexion n'ont aucun lieu.

Ibid.

I I I.

Cet instrument est fondé sur *le même principe* que celui dont M. de Hautefeuille s'étoit servi pour l'explication de l'effet des trompettes parlantes ; principe qui n'est autre chose que *celui de l'équilibre des*

Ibid.

liqueurs de M. Pascal ; & sur l'organe de certains animaux.

I V.

Page 65. Cette invention est très-simple , & fondée seulement sur la construction de l'oreille de certains animaux qui ont l'ouie fort subtile.

Liste. Elle n'est qu'une imitation de la structure de

N°. der-l'oreille de certains animaux.

nier.

V.

Page 82. Cette machine ne consiste que dans l'application d'un principe qui est connu (*le principe de l'équilibre des liqueurs*).

N. B. Au sujet de ces deux dernieres particularités qui sont présentées , aux endroits cités , comme si chacune d'elles étoit la seule & unique , tandis que dans l'article III ci-dessus , elles sont réunies & présentées comme concourant toutes les deux à la formation de l'acoustique de M. de Hautefeuille , nous prions nos lecteurs de revoir la note (*a* , *page* 82 ,) dans laquelle nous avons essayé de résoudre cette difficulté apparente , & cette espece de contradiction.

V I.

Ibid. 74. Cette invention est fondée , non point sur le frémissement causé par la contiguité des corps , mais sur la réunion de ce que les objets qui causent le bruit répandent dans l'air.

V I I.

Ibid. 75. Cet instrument qui n'étoit encore que grossierement exécuté , faisoit son effet dans une distance double ;

double, c'est-à-dire, que si, à l'oreille simple, on cesse d'entendre la voix à quarante pas de distance, on l'entendra avec cet instrument à quatre-vingts pas.

VIII.

M. de Hautefeuille dit qu'il a pensé un moyen de lui faire faire quatre fois plus d'effet ; non point en le doublant & en l'appliquant aux deux oreilles, mais en lui donnant une figure particuliere qui ne l'augmente que de très-peu de volume : qu'il l'a exécutée lui-même, mais qu'il n'a pu vérifier exactement son effet par l'expérience, ayant résolu de ne laisser voir cette machine à personne.

Page 76.

IX.

M. de Hautefeuille nous apprend qu'il avoit encore imaginé trois ou quatre autres constructions différentes de cet acoustique ; mais qu'il ne les a pas fait faire, par cette même raison qu'il vouloit éviter que personne eût connoissance de sa fabrique.

Ibid.

X.

Quant aux effets de cet instrument, voici ce que M. de Hautefeuille lui-même nous en dit :

« Lorsque je l'applique à mon oreille, j'entends
» des bruits très-grands & très-confus ; si quelques
» personnes marchent dans la rue, elles me pa-
» roissent exciter autant de bruit qu'une armée
» entiere ; le froissement de leurs souliers sur le
» pavé ressemble au raclement violent que l'on
» fait sur les pierres, ou à une meule qui écraseroit
» des cailloux : les voix me paroissent comme si elles
» étoient produites par des trompettes parlantes,

Page 56 & suiv.

» mais dans une telle confusion que je n'en puis
» distinguer aucune; ce qui me fait craindre que
» cette invention ne soit inutile à cause de la def-
» truction des sons les uns des autres.....

Page 78. « J'ai observé que mon acoustique groffit la voix;
» qu'elle frappe l'oreille avec violence, & qu'elle
» fait une senfation très-forte; ce qui est une preuve
» évidente que les sourds & ceux qui sont obligés
» de leur parler, en pourront retirer un soulage-
» ment considérable ».

X I.

Page 79. M. de Hautefeuille donne comme une propriété
particuliere & spécifique de son instrument, d'après
laquelle les curieux pourront s'affurer d'avoir saisi
son idée & fa construction, de ce que l'on entend le
bruit que fait une mouche en marchant: tout instrument qui n'aura pas cette propriété, ne fera pas celui
qu'il a inventé. Mais il avertit auffi qu'il faut, pour cet
effet, que la mouche se trouve placée dans le foyer
fonore de l'instrument; & que, pour peu qu'elle en
foit éloignée, on ne l'entendra point du tout; de la
même maniere que la voix n'est point groffie & ne
s'étend pas plus loin qu'à l'ordinaire, fi la bouche
n'est appliquée immédiatement à l'embouchure d'une
trompette parlante.

X I I.

Ibid. De même que les lunettes d'approche doivent
s'allonger & s'accourcir felon les différens éloignemens des objets, M. de Hautefeuille ne fait fi fon
acoustique ne devra pas être allongé & accourci,
non pas felon les diverfes diftances des bruits, mais
felon la différence des corps qui les produifent;
ayant remarqué que certains sons, tels que celui

des cloches, des timbres & quelques autres, ne
font point ou très-peu augmentés par cet instrument qui étoit d'une grandeur fixe. Cette observa-
tion lui a fait conjecturer qu'il en doit être de même
de l'organe de l'ouïe ; & qu'il doit y avoir dans cet
organe, des parties propres pour la sensation de
certains sons, comme des timbres ou des cloches,
& d'autres parties pour le son de la voix, des instrumens, &c.

X I I I.

M. de Hautefeuille dit qu'il fera voir dans un
autre ouvrage, quel est l'artifice des offelets de
l'ouie, leur fonction, & quelle part ils ont dans
la sensation de l'ouie, par plusieurs expériences
visibles, & par un effet qui paroît sensiblement dans
un certain instrument de musique ; & qu'il s'ap-
puyera du sentiment de quelques habiles anatomistes
modernes qui en ont soupçonné quelque chose.

Il ajoute qu'il se flatte que ce seul petit éclaircis-
sement donnera occasion aux savans d'aller plus
loin, & peut-être de découvrir à quoi servent les
trois canaux demi-circulaires ; pourquoi *deux de
leurs embouchures sont jointes ensemble* ; & quelle est
la propriété de la *lame spirale* dont il a soupçonné
un usage qui lui paroît assez vraisemblable.

Toutes ces remarques donnent lieu de conjecturer
qu'il y avoit des accessoires à-peu-près semblables
dans la construction de la machine de l'abbé de
Hautefeuille. Pour en être presque certain, il ne faut
que se rappeller ce qu'il dit lui-même de cette machine, à la fin de sa lettre à M. Bourdelot, savoir :

Que les savans pourront en faire un grand nombre
d'expériences différentes, & en tirer des inductions
pour connoître les véritables usages des parties

intérieures de l'oreille, & la maniere dont chacune agit pour la sensation de l'ouie.

XIV.

Pages 77, 78. Quant à l'organe de certains animaux qui passent pour avoir l'ouie fort subtile, & dont M. de Hautefeuille avoue lui-même que son acoustique n'est qu'une imitation, il ne fait pas difficulté de dire que le *lamantin* ou *vache de mer*, la *baleine*, l'*outarde*, le *sanglier*, le *lievre* & la *taupe*, lui ont fourni de très-belles idées sur cela.

Ibid. 78. Nous prions nos lecteurs de voir la note que nous avons faite à cette occasion, nous espérons qu'ils y trouveront des éclaircissemens satisfaisans.

XV.

Pages 84, 85. Après avoir rapporté l'histoire d'un acoustique de grande perfection que le P. Cherubin d'Orléans, capucin, avoit inventé, mais qu'il n'avoit jamais voulu publier, pour les raisons qu'on peut voir à l'endroit cité ; sur ce qu'il est seulement dit que cet acoustique étoit d'un volume assez grand, qu'il pouvoit néanmoins se cacher sous le manteau, M. de ** Page 86.* Hautefeuille en conclud *qu'apparemment cet instrument n'étoit point fondé sur le même principe que le sien ; & que le P. Cherubin se servoit de deux grands cornets qu'il appliquoit aux deux oreilles, lesquels augmentoient chacun un peu la sensation qui, par ce moyen, étoit rendue quatre fois plus forte, parce que les deux organes étoient ébranlés en même temps.

Nous ferons sur cela deux remarques qui se présentent naturellement.

1°. L'inftrument acouftique de l'abbé de Hautefeuille étoit donc ou plus petit que celui du P. Cherubin, & pouvoit fe porter dans la poche ; ou bien
il étoit beaucoup plus grand & ne pouvoit pas même
fe cacher fous le manteau. On ne peut rien dire de
pofitif ni de certain là-deffus : mais nous inclinons
plus volontiers pour croire que la machine de M. de
Hautefeuille étoit d'un volume confidérable ; fes
propres paroles donnent lieu à cette conjecture ;
« lors, dit-il, que j'aurai fait exécuter cet acouftique,   Page 77.
» les favans n'auront qu'à tâcher de le réduire à
» un petit volume, de le rendre commode & d'un
ufage facile ».

2°. Quant à ce que M. de Hautefeuille conjecture que le P. Cherubin fe fervoit de deux grands
cornets qu'il appliquoit aux deux oreilles, nous nous
affurons que nos lecteurs intelligens trouveront
cette explication mal vue, & que l'abbé de Hautefeuille n'y avoit pas penfé, puifqu'il avoit avancé   *Page 56.
lui-même * que les cornets ordinaires ne font pas
capables d'un effet auffi confidérable que celui qu'on
a rapporté de l'inftrument acouftique du P. Cherubin.
Nous les prions d'ailleurs de voir, à la page 86, la
note que nous avons faite à ce fujet.

X V I.

Dernieres remarques.

Toutes ces particularités qu'on a vues de l'inftrument acouftique de M. de Hautefeuille, levent tout
doute fur fa réalité, ; il paroît, de plus, que même
dans l'état de perfection où il étoit alors, il ne laiffoit
pas que d'être fupérieur à tout autre inftrument connu :
d'ailleurs il pouvoit être fufceptible de cette perfection qu'il n'avoit pas pour le moment ; *nihil eft fimul*

& inventum & perfectum. (*Cicero de clar. orator.*) Il ne s'agiſſoit que de le connoître, & alors les lumieres réunies de pluſieurs ſavans y auroient bientôt mis ce qui n'avoit pu ſe préſenter tout d'un coup à l'idée d'un ſeul homme. Ces conſidérations doivent donc engager à faire enſorte de retrouver cet inſtrument, au moins dans le même état de conſtruction & même d'imperfection où il étoit d'abord.

Il eſt vrai qu'il y a tout lieu de penſer que cet acouſtique de M. de Hautefeuille étoit d'un volume conſidérable ; ce qui pourroit être un ſujet de dé-couragement, car, dira-t-on, à quoi bon imaginer un inſtrument pour entendre, dont le volume ſeroit ſin-gulier & incommode ? mais nous eſpérons que cette objection n'arrêtera point les ſavans, & qu'il leur paroîtra toujours très-intéreſſant pour la phyſique, de découvrir un inſtrument tout ſemblable pour les particularités, pour les effets, pour la groſſeur même du volume, à celui que M. de Hautefeuille inventa d'abord. Cette découverte ne laiſſeroit pas d'être très-ſatisfaiſante pour entendre la converſation ou un diſcours dans un lieu d'aſſemblée.

FIN

APPROBATION.

J'ai lu, par ordre de Monseigneur le Garde des Sceaux, un Manuscrit qui a pour titre : *Problème d'Acoustique proposé aux Savans.*

   Il paroît, par plusieurs Lettres & Mémoires de M. l'abbé de HAUTEFEUILLE, déja publiés, que ce savant & ingénieux Méchanicien avoit trouvé un instrument capable d'augmenter considérablement les sons les plus foibles, & cela par des moyens différens de tous ceux connus jusqu'ici. L'Editeur de ce nouveau Recueil, se flatte qu'il ne seroit pas impossible de retrouver ce même instrument sur-tout dans un siecle aussi éclairé que le nôtre, & c'est dans cette vue qu'il publie une nouvelle Edition de tout ce qu'il a pu recueillir de relatif aux recherches de M. l'abbé de HAUTEFEUILLE. Il y a ajouté des notes & des réflexions qui nous ont paru très-judicieuses. Nous ne pouvons qu'applaudir à son zele & aux vues du bien public dont il est animé, & nous pensons que son travail ne peut être accueilli que favorablement, si l'on fait attention au grand nombre de personnes qu'il intéresse. Au vieux Louvre, ce 12 septembre 1787. MAUDUIT.

De l'Imprimerie de veuve HÉRISSANT, rue neuve Notre-Dame.